发现手机摄影的乐趣

U0304852

李志松

著

人民邮电出版社

北京

图书在版编目（CIP）数据

发现手机摄影的乐趣 / 李志松著. -- 北京：人民
邮电出版社，2018.12（2019.3重印）
ISBN 978-7-115-49509-9

Ⅰ．①发… Ⅱ．①李… Ⅲ．①移动电话机－摄影技术
Ⅳ．①TN929.53

中国版本图书馆CIP数据核字(2018)第226547号

内 容 提 要

想要利用手机拍摄出令人称赞的摄影作品，掌握一定的拍摄技巧是必不可少的。本书为手机摄影用户量身打造，内容包括如何选择拍照手机，手机摄影如何构图，如何利用光线，如何用手机拍摄旅行、儿童、静物美食、宠物等题材照片，还有一些非常新颖有趣、令人脑洞大开的创意手机摄影技巧等。跟单反相机的配件相比，搭配手机使用的手机摄影小配件，可以说是价廉物美、小工具有大用途！比如各种手机摄影镜头，可以让你的手机拍摄到更广泛的题材，本书的手机配件章节对这部分内容做了详尽的介绍。在数码摄影时代，手机摄影同样少不了后期环节，市面上各种手机后期软件，功能强大、操作简单，书中给大家推荐了几款非常不错的手机后期软件，并着重对有着"掌上PS"之称的Snapseed、MIX滤镜大师等软件进行了详细讲解。

本书通过大量正反对比图片说明手机摄影中的技巧，通俗易懂，适合所有热爱手机拍照的朋友阅读学习。

◆ 著　　　　　李志松

责任编辑　杨　婧
责任印制　周昇亮

◆ 人民邮电出版社出版发行　　北京市丰台区成寿寺路 11 号
邮编　100164　　电子邮件　315@ptpress.com.cn
网址　http://www.ptpress.com.cn
北京东方宝隆印刷有限公司印刷

◆ 开本：690×970　1/16
印张：17　　　　　　　　2018 年 12 月第 1 版
字数：457 千字　　　　　2019 年 3 月北京第 2 次印刷

定价：89.00 元

读者服务热线：**(010)81055296**　印装质量热线：**(010)81055316**
反盗版热线：**(010)81055315**
广告经营许可证：京东工商广登字 20170147 号

前言

1974年，美国人马丁·库帕发明了世界上第一部手机；2000年，夏普公司推出了世界上第一部带摄像头的手机。当今，手机作为信息时代的产物，早已不仅仅只承载通信的功能。拿起手机拍照，留住生活、工作中瞬间的感人场景和美丽的景色，随时随地分享照片已成为一种时尚。根据工信部2017年底发布的消息，中国移动电话用户已经突破14亿，超过中国人口数量（截止到2017年底，13亿9千万人），移动宽带（即3G和4G用户）总数突破11亿。著名社交软件Facebook上每天有几十亿张照片发布，微信每日朋友圈分享照片超过十亿张，这其中大部分是手机摄影贡献的照片。

手机摄影相比传统摄影具有携带轻便、拍摄简单、后期APP丰富、配件齐全、分享方便等优势。最吸引人的还是价格，最高档的拍照手机一般不到万元，但万元都买不到一台全画幅相机的机身，大家再也不用担心摄影穷三代了。随着手机摄影高像素时代的到来，2000万像素已成为主流，一些手机甚至做到4000万像素以上，加上AI智慧拍摄、AR萌拍等技术的加入，手机替代入门卡片相机已是毋容置疑。

随着用手机拍照的人越来越多，各类分享软件井喷式发展，人们对手机摄影技巧、后期处理操作等方面提升的需求越来越强烈。本书将通过大量通俗易懂的真实拍摄案例、对比图，告诉大家手机摄影中取景、构图、用光的实用技巧；分享旅拍、儿童摄影、宠物摄影、静物美食摄影、创意摄影中的拍摄密码；还将重点介绍主流拍摄手机、拍摄后期、拍摄中的配件、有趣的APP和如何更容易获得更多的点赞、摄影作品如何投稿参加比赛等有益的信息。

法国著名雕塑家罗丹曾说过："美是到处都有的，对于我们的眼睛，不是缺少美，而是缺少发现。"随着手机产品的快速更迭，相信手机摄影的路将会越走越宽。对于大家来说最着急的不是更新换代手中的手机，而是最大化用好手中现有的手机，静下心来，去发现、去体会、去感受、去记录身边发生的那些有趣的瞬间。

最后，感谢在我摄影成长路上的各位老师，感谢让我体验各种手机及摄影配件的厂商。本书得以顺利出版，感谢所有给予我帮助和支持的朋友。小镜头，大舞台；让我们一起交流手机摄影那些事儿，发现手机摄影中的乐趣！

资源下载说明

本书随书附赠10个手机摄影后期处理技巧小视频。扫描"资源下载"二维码，关注"ptpress摄影客"微信公众号，回复本书的5位书号49509，即可获得下载方式。资源下载过程中如有疑问，可通过客服邮箱与我们联系。

客服邮箱：songyuanyuan@ptpress.com.cn

扫一扫 学摄影

资 源 下 载
扫 描 二 维 码
下 载 本 书 配 套 资 源

目录

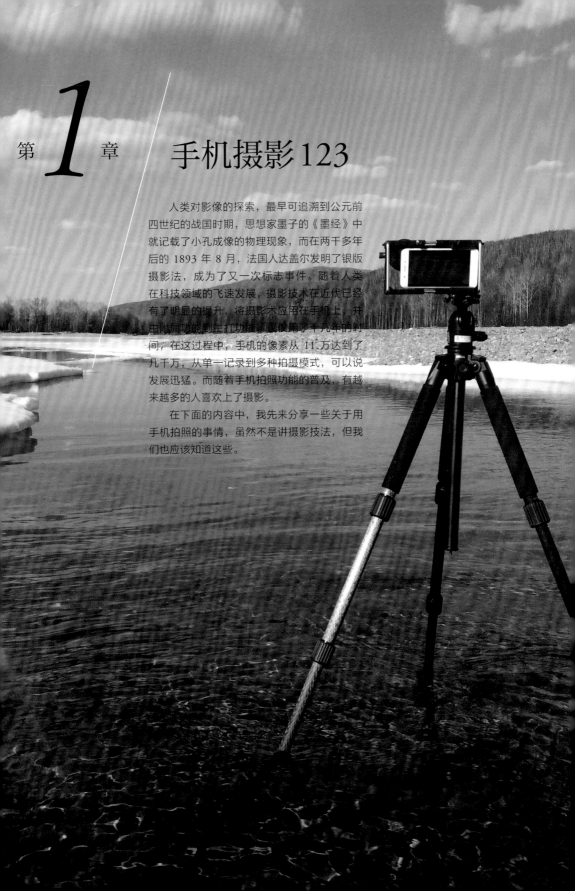

第 **1** 章 | 手机摄影123

　　人类对影像的探索，最早可追溯到公元前四世纪的战国时期，思想家墨子的《墨经》中就记载了小孔成像的物理现象，而在两千多年后的 1893 年 8 月，法国人达盖尔发明了银版摄影法，成为了又一次标志事件。随着人类在科技领域的飞速发展，摄影技术在近代已经有了明显的提升，将摄影术应用在手机上，并由附属功能到主打功能，摄像头用了十几年的时间，在这过程中，手机的像素从 11 万达到了几千万，从单一记录到多种拍摄模式，可以说发展迅猛。而随着手机拍照功能的普及，有越来越多的人喜欢上了摄影。

　　在下面的内容中，我先来分享一些关于用手机拍照的事情，虽然不是讲摄影技法，但我们也应该知道这些。

1.1 手机摄影的过去、现在和未来

手机拍照之初：对于手机摄影来说，2000年是一个很重要的年份，因为在这一年的9月，夏普发布了全球首款带有内置摄像头的手机J-SH04，虽然只有11万像素，但绝对是一种创举。此后，手机拍照功能便逐渐进入了人们的视线，大部分手机都加入了拍照功能。

手机革命：随着苹果公司在2007年推出第一代iPhone手机，手机革命的脚步就日益临近，在2011年，乔布斯推出引以为傲的iPhone4之后，可以说手机革命的钟声正式敲响，iPhone4在手机史上绝对占有一席之地，其iSight传感器实现了惊人的拍照效果，大量iOS平台应用的井喷，大量拍摄、分享应用发展，让用户迅速养成了随拍随发的使用习惯，与此同时也拉动了Android平台的发展。

这些都是本人使用过的拍照手机，很荣幸，我们见证了拍照手机的发展史

手机界的百家争鸣：iPhone4发布多年，iPhone系列手机的拍照功能一直是行业的标杆。不过，随着Android系列手机的快速发展，也出现了一些具有代表性的拍照手机。2008年，第一款千万像素级别的拍照手机三星B600问世，同时，该款手机还配备三倍光学变焦功能。2013年，诺基亚推出Lumia1020将手机像素突破到4100万，到目前为止这个数字仍然是行业顶级，不过，虽然其具有超高像素，但诺基亚的操作系统却不被大众买单，所以此款手机也没有风行，只有部分手机摄影的玩家才去购买，当然也包括我，但我也只用它来拍照。另外，国产手机在近些年也达到井喷状态，国产华为、OPPO、vivo等品牌的手机也逐渐占据了市场。

未来的手机摄影：随着移动网络和社交媒体软件进入了一个更加快速的发展通道，便于随拍分享的图片优化和自我设计会是用户最为关注的产品功能之一。修图、优化照片功能的APP能够在近年如雨后春笋般冒出来，也同样印证了这个观点。厂商需要做的，除了在硬件配置上跟进用户拍照的需求，在拍照功能的细化上，也需要做更多开发的工作。另外，随着越来越多的女性加入到自拍行列，对前置摄像头的成像品质的要求也越来越高，而近些年，前置摄像头的像素也开始以几何倍数的级别增加，相信未来手机的前置镜头会与后置镜头同样优秀。

1.2 手机摄影那些不得不说的事

在学习手机摄影之前，我还要跟大家聊一些与手机摄影有关的其他事情，这些事有些人会考虑到，有些人会忽略掉，在这里我来给大家做一个分享。

1.2.1 如何保护手机摄影中的隐私

如今的手机不单用于打电话，还可以用它听音乐、看新闻、做工作、收付款等，虽然功能多了，但无形中也会暴露我们的隐私，包括手机拍摄的照片，能够暴露出我们很多意想不到的信息，包括手机型号、操作系统版本、拍摄时间、地点

（经纬度坐标）、海拔等，都一一被记录了下来。

如果我们把原始照片未经处理就上传到网络上，那么很有可能就暴露了隐私。如何清除手机照片里面记录的坐标、手机型号等隐私内容，尤为重要。

> 📖 小贴士：
>
> 有些摄影比赛对照片带有的隐藏信息有所要求，比如要求照片带有相机拍摄时间、地点等信息，如果想要报名参赛，要查看好比赛规则。

很多人都以为这张照片是在郊处的溪流旁拍的，实际上这只是鱼缸里的场景，我保留了这张照片的位置信息，通过查看其所在位置，暴露了它只是我在办公室拍摄的

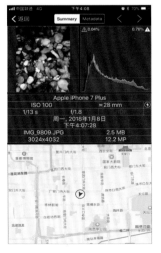

以iPhone7 Plus为例，在隐私中，找到相机，如果需要保护隐私，可以将定位关闭

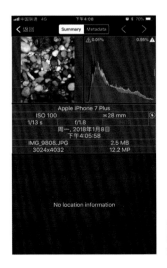

不关闭照片的位置信息，可以看到拍摄位置

关闭位置信息，则不再显示位置坐标

1.2.2　手机镜头到底是变焦还是定焦？

手机镜头到底是定焦头还是变焦头，相信有很多朋友都有这样的疑问，这里我直接给大家揭晓谜底，其实市场上绝大多数手机都是定焦镜头，它们所谓的变焦一般都属于数码变焦，与真正意义上的光学变焦存在很大差别，通过数码变焦把画面放大拍摄，其实是损失了画面的像素，就相当于把拍摄的照片进行放大预览，放大倍数越大，画质越低。所以在拍摄时，我们应尽量避免使用数码变焦来拍摄。

另外，也并不是所有手机都是数码变焦，像三星GALAXY K zoom就具备光学变焦功能，像素不会减少，而苹果公司推出的 iPhone7 Plus、iPhone8 Plus等双镜头手机，也都支持光学变焦。

以下为三星SM-C1158拍摄案例。

在此图中，注意右侧建筑上方的红色塔吊群，我们进行一下同样位置的比较

可以看到显示的照片尺寸信息为 7.5MB

这是我用三星SM-C1158拍摄的同样位置的塔吊群，由于利用了此款手机的光学变焦拍摄，因此像素不会减少

可以看到显示的照片尺寸信息为 7.4MB，像素基本没有大的变化

以下为 iPhone7 Plus 拍摄案例。

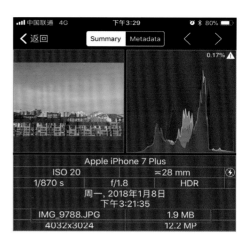

未用变焦功能，使用双镜头中的广角镜头得到的效果

可以看到显示的照片尺寸信息为 1.9MB

在部分双镜头手机中，通常是一个镜头偏长焦，一个镜头偏广角，当使用 2× 模式时，画质基本是无损的，此图为手机长焦头拍摄

使用手机的 10 倍数码变焦拍摄，可以看到像素降低非常严重

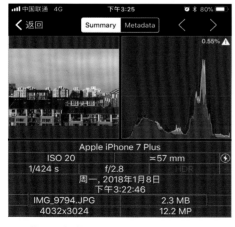

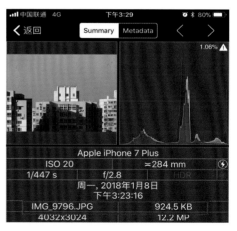

用双镜头手机的长焦头拍摄，可以看到画质为 2.3MB

用手机的数码变焦拍摄，可以看到画质为 924.5KB

1.2.3 摄影是真实的吗？

中国有句古话"耳听为虚，眼见为实"，但对于摄影来说，眼见也并不一定都是真实的，就像我们在网上看到一些旅游胜地的照片，很多画面都犹如仙境一样，但真正到现场去看，却发现没有照片中的美，原因就在于摄影师在拍摄时运用了摄影的艺术手法，而这些艺术手法包括了构图、用光、色温色调、对比关系等摄影知识，也包括调整手机的快门速度、曝光补偿等摄影操作，当然也包含对照片进行后期调整。可以说利用这几个方面，把真实世界的画面用艺术的形式表现出来，并脱去了真实世界里的杂乱、庸俗。

原图效果

这张照片很像一座座排列有序的白塔，围绕着中间的一座城堡，配合水面倒映的蓝天，犹豫天空之城，但看到原图你就会发现，拍摄场景只是很普通的喷泉，但我用了摄影的艺术将其表现出来，就完全是不一样的画面感

1.2.4　细节决定成败

提到拍摄创作，跟我们在工作时的态度是一样的，往往是细节决定成败。下面我为大家分享的一些在细节上应该注意的事项，这些事项并不是什么构图、用光上的技法，但也会影响我们的拍摄。

1. 保持镜头的干净：有些朋友外出拍了一堆照片，但回家后放大一看发现有很多模糊的照片，原因是拍摄时未注意到镜头的清洁。

2. 注意存储空间：长途旅行或者要拍摄大量照片前，一定记得把手机中原有的照片和视频导到电脑中，腾出手机空间以备拍摄。

3. 注意控制电量：手机开启照相功能后，耗电量非常大，如果手机没电了，也就变成"砖头"了。记得有个朋友参加一个很重要的活动，他只能带手机，活动开始前拍了很多花絮，也浪费了很多电量，等正式开始的时候手机却没电了，因此也错失了重要的镜头。在此提示大家，一定要规划好电量，或者临时把一些不需要的程序关闭、屏幕调暗来节省电量。

拍摄前要对手机镜头进行清洁，避免有灰尘和手印

手机相机是高费电功能，要及时为手机进行充电，以免手机变成"砖头"

1.3 为什么使用手机拍照

很多朋友都问我，想出去旅游拍照，买什么单反相机更好，我一般都会告诉朋友"你手中的手机就是最好的相机"。的确是这样的，拍摄一幅照片的好坏，设备是次要的，关键在于对摄影技术的掌握。除了这些，使用手机进行拍摄创作还有其自身优势，下面我就为大家分析一下。

1.3.1 分享更方便

使用手机拍摄的照片，可以直接在手机上进行后期处理，亦可以很容易分享到微博、微信等各种社交平台。然而利用单反等数码设备拍摄，却不能如此方便。

随着手机像素的提高，如果不通过放大预览，有时我们很难看出是用什么器材拍摄的

1.3.2 手机像素的提升

随着手机的拍照功能越来越专业化，手机像素提升后甚至可以替代部分数码相机。目前市面上的主流手机都具有 2000 万左右的像素，部分手机还超过 4000 万像素，而手机的拍照功能也都有专业模式，比如手机中的 M 挡，可以对曝光时间、ISO、焦距、色温等进行设置，如果不特意放大浏览照片，单从朋友圈上看，其实很难分辨是用手机拍的还是用相机拍的。

使用手机拍完照片，及时发到微信朋友圈，让更多的朋友们欣赏到

1.3.3 提高摄影作品的价值

如何提高自己作品的价值，对于新手来说，确实找不到门路，其实方法有很多种，比如把作品进行投稿参加摄影比赛，或者发布到摄影作品平台，与影友们相互交流学习，甚至可以是把作品销售出去，这些都是提高作品价值的方式，我们作品的价值得到提高，也会提高我们的摄影技法和摄影素养。

其实除了微博、微信，我最常用的纯照片分享平台有视觉中国 500PX、视界、搜狐新闻、蜂鸟、全景、图虫、米拍、大影家、美篇等，这些平台除了能分享照片、结交影友、学习交流以外，部分 APP 还拥有图片销售、积分换礼、摄影比赛等功能。

视觉中国 500PX

蜂鸟

1.3.4　更容易抓拍

　　有很多值得拍摄的场景都是转瞬即逝的，如果等拿出单反相机再来拍摄，可能就错过了最佳拍摄时机。而用手机拍摄，可以更快速地捕捉到这些突发场景。但需要注意的是，你需要提前熟悉手机相机的快捷打开方式。

1.3.5　自动化功能强大

　　别看手机肩负着众多功能，但其相机模式的自动化功能非常强大，比如在拍摄全景照片时，大部分相机都需要拍摄多张照片，然后通过电脑中的后期软件进行合成处理，但使用手机拍摄全景照片却非常简单快捷。

一只海鸥在我的周围飞来飞去，于是我及时掏出手机，抓拍下了这张动感的飞鸟照片

利用手机拍摄全景画面，可以轻松便捷地进行拍摄，如果拍摄顺利的话可以一气呵成

1.3.6　趣味性更强

在传统相机中，拍照功能设计得都很单调，只可以拍摄原始画面。而手机不同，很多智能拍照手机都带有萌拍、AR、贴纸、模拟光效等多种方式，可以增加拍摄的趣味性。

1.3.7　便携性

使用手机进行拍照创作，最突出的优势就是便携性，小巧灵活的机身让我们携带非常方便，旅行本身是一件陶冶情操的事情，如果携带超过手机好几倍重量的单反相机，会让以旅游为乐趣的游客平添很多疲惫，况且单反相机的操作更加烦琐，很多人只是用单反相机的自动挡拍摄，可能效果还不如手机。

▶ 小贴士

手机目前可以解决旅拍中80%的拍摄需求，但对于拍摄夜景、超级动感等特殊的场景，手机拍摄的效果还不尽如人意，但相信随着技术的提升，这些问题也能逐渐得到解决。

另外，如果不掌握摄影知识，而是去追求摄影设备，就算是购买了专业的单反相机，最终拍出的效果可能还不如手机拍摄的，至于如何拍出好照片，欢迎大家继续阅读本书，相信一定会对您的拍摄有所帮助。

最关键的是，如果您想用1万元的预算去购买数码单反相机，可能连一个机身或者镜头都买不了，但却可以购买顶级的拍照手机及相关配件。

很多手机厂商为了吸引女性用户，在拍照功能中加入了可爱的贴纸

相比笨重的单反相机，手机要轻巧多了，我们在进行摄影创作之余，还可以尽情享受旅行的乐趣

第 2 章 / 我推荐的几款主流拍照手机

几乎每次做手机摄影讲座时，都会有学员问我用的是哪款手机，他们可能以为我用的手机就是最好的拍照手机，答案当然是否定的，我要说的是，大家自己手中的拍照手机就是最好的。

在拍照设备日渐先进的今天，如果不讲究构图、用光等摄影技法，即使使用的是专业的单反相机，也不会拍出好照片。而随着照相技术的进步和发展，市场上那些千元以上的手机基本都能满足手机摄影的需求。当然，价格贵一些的手机也有贵的道理，比如采用了较好的镜头和处理系统，感光元件更加出色，像素值更大，画质更加优质等。还有一些手机是贵在了颜值上，比如说全面屏设计，这种工艺成本就要比非全面屏昂贵。

下面，我介绍几款我使用过的一些智能拍照手机，它们都是市面上比较主流的拍照手机，希望对大家选择手机会有所帮助。

2.1　vivo X21

vivo X21的机身科技感十足，超窄U形槽设计，屏占比高达90.3%，是一款年轻时尚的智能拍照手机。

2.1.1　拍摄硬件方面

采用单反使用的全像素双核极速对焦技术，感光面积大，对焦速度快，每个像素独立对焦，并能够采集景深信息。2×1200万像素（2400万感光单元）传感器，可以进行2400万超高像素拍摄。

2.1.2　vivo X21拍摄亮点

1. AI逆光拍照和AI美颜。这两个功能是对以往vivo的知性美颜技术、图像魔方技术的再升级，克服了逆光下自拍人脸黑、背景过亮的问题。同时根据全新的双核像素传感器改进了美颜效果。另外，结合人工智能技术，可以根据用户的性别、肤质、肤色和场景光线，智能匹配美颜方案，综合给出更合适的美颜建议。

2. AI自拍光效。可以媲美影棚的惊艳光效体验，可以针对人像主体使用单独的补光、虚化、暗角、滤镜等技术，轻松模拟和加强摄影棚光、舞台光、单色光等效果。（目前仅支持相册内启动自拍光效模式）

3. AR萌拍。集成了多款AR贴纸，快速开启萌拍模式，可以使AR自拍更有趣、更方便。

vivo X21机身背面照

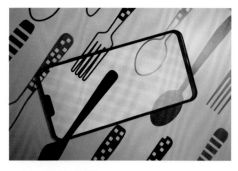

vivo X21机身正面照

vivo X21实时拍摄模式

手机相机参数表

拍照功能	摄像头数量	三摄像头（后置双摄像头）
	前置摄像头像素	2×1200万像素（2400万感光单元）
	后置摄像头像素	2×1200万像素（2400万感光单元）+500万像素
	传感器类型	CMOS
	闪光灯	LED补光灯
	光圈	主f/1.8+f/2.4，副f/2.0
	摄像头特色	全像素双核极速对焦，P3色域相机，前置五镜式镜头，后置六镜式镜头（主）
	自动对焦	后置主摄支持自动对焦，副摄不支持自动对焦；前置不支持自动对焦
	拍摄模式	前置：动态照片，美颜，逆光，人像背景虚化（单摄），前置全景，AR萌拍
		后置：慢镜头，逆光，动态照片，人像背景虚化（双摄），全景，专业拍照，延时摄影，美颜，AR萌拍
	图像尺寸（像素）	5632×4224，4032×3024，4016×1904，3024×3024
	连拍功能	支持
	视频拍摄	MP4
	视频播放	支持：MP4、3GPP、AVI、FLV、MKV
	广角	前置77.9°，后置77.8°
	其他拍照特色	AI美颜，录像美颜，手掌拍照，AR萌拍，自拍光效，文字搜图，看图识字，回忆电影，前置屏幕补光

拍摄城市夜景时，可以看到vivo X21的画质表现也是很优秀的

对画面进行微距拍摄，得到大片般的画面感，花儿的细节得到清晰呈现

在光线较暗的室内拍摄，也可得到不错的画面效果

2.2　OPPO R15

OPPO R15 采用渐变设计，搭配质感通透的玻璃材质，使其外观显得大气、时尚。

2.2.1　拍照硬件方面

OPPO 联合 SONY 开发了全新的前置和后置摄像头，后置 1600 万像素索尼 IMX519 传感器，前置 2000 万像素自拍镜头。在相比以往更加强悍的硬件、3-HDR 技术以及 AI 美颜算法等加持下，R15 的拍照更加专业，同时美颜效果也达到了新的高度。

2.2.2　OPPO R15 拍摄亮点

1. 满足女性人群的需求。为了满足女生们更多的拍照需求，OPPO 在 R15 内置了生动有趣的贴纸，不管卖萌还是撒娇，不需要第三方 APP 或者后期 P 图就能一键定格。

2. 暗光环境下拍摄。OPPO R15 后置双摄像头，单个像素面积由 1.12 提升至 1.22，提升 8.9%，感光面积更大，暗光拍摄更明亮；同时照片采样率由 30 帧提升至 60 帧，动态拍照更快，不易糊片。另外，OPPO R15 所采用的索尼 IMX519 传感器表现出色，其大光圈 + 大像素的搭配让 R15 可以在不延长曝光时间的同时获得更多进光量，有效提升图像的质量。而且得益于 AI 技术的融入，在拍摄时 R15 可识别暗光环境并智能切换到"夜景"模式，借助预先设置好的算法进一步增大相片的亮度，使得暗光环境下的拍摄更真实。

3. OPPO R15 的 AI 人像模式。在此模式下，手机可以智能虚化背景，让被拍者成为整幅照片的主角，同时还具备与普通相机拍摄截然不同的质感。R15 的 AI 人像模式不仅要通过双摄像头实现背景虚化，还要历经智慧美颜、3D 人像打光、电影风格智能光效处理，让拍出的人像照充满艺术感。

OPPO R15 机身背面照

OPPO R15 机身正面照

OPPO R15 实时拍摄模式

手机相机参数表

拍照功能	摄像头数量	三摄像头（后置双摄像头）
	前置摄像头像素	2000万像素
	后置摄像头像素	1600万像素+500万像素
	传感器类型	CMOS
	传感器型号	索尼IMX519
	闪光灯	LED补光灯
	光圈	后置f/1.7+f/2.2，前置f/2.0
	拍摄模式	普通拍照，视频，人像模式，专业模式，延时摄影，全景，慢动作，双摄背景虚化，AI智慧美颜，3D人像打光，AI智能拍照
	图像尺寸（像素）	前置：5184×3880
		后置：4608×3456（普通模式），5184×3880（人像模式全身状态），4608×3456（专业模式）

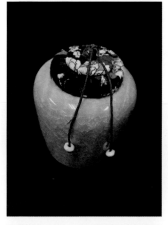

拍摄静物小品，可以将其细节特征很好地表现出来

OPPO R15拍摄的花卉微距效果，花卉的形状、色彩等信息得到清晰表现

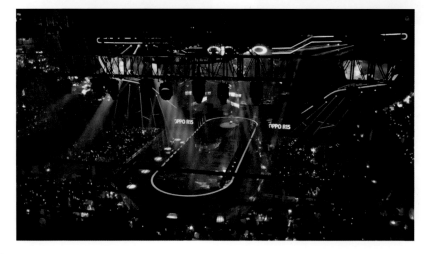

利用OPPO R15拍摄，在复杂的光线环境下仍然可以拍出很有感觉的作品

2.3 华为 Mate10

华为Mate10的外观设计十分大气，商务感十足，而且屏幕宽大，给人以厚重感。

2.3.1 拍照硬件方面

华为Mate10搭载徕卡SUMMILUX-H双镜头，拥有双f/1.6大光圈，支持OIS光学防抖，所使用的麒麟970移动平台搭载了全新设计的双摄ISP，让Mate10除了继续保持传统的拍照优势之外，还在抓拍、夜景拍照等方面进行了系统的优化和提升；通过集成专属的硬件人脸检测模块，更准确地捕捉人脸信息，使人像拍照更自然。而出色的电池续航能力，让你再也不用担心因为没电而错过精彩镜头。

2.3.2 华为Mate10的拍摄亮点

1. 更加智能的自动拍照。使用新的AI拍照模式

之后，不同于过去传统的自动拍照，华为Mate10将会通过人工智能处理器判断出你拍摄的是美食、风景、人像亦或是萌宠，并自动调节摄像头参数，得到更好的成片。而且华为Mate10的识别十分迅速，不同场景的切换速度快到你几乎感觉不到。

2. 双摄像头景深虚化算法的效果得到明显提升。可以看到人像边缘识别精度更高、背景虚化更有层次感，看上去自然许多。

3. 优秀的宽容度。高光与暗部细节都得到保留，画面动态范围较广。

4. 后置镜头再升级。华为Mate 10将后置镜头升级为高端的徕卡SUMMILUX系列，光学素质非常出色。正常情况下很少出现鬼影和炫光，即便面对强光源也不会出现较为明显的画质劣化。

华为Mate10机身背面照

华为Mate10机身正面照

华为Mate10拍摄模式中的设置功能

手机相机参数表

拍照功能	摄像头数量	三摄像头（后置双摄像头）
	前置摄像头像素	800万像素
	后置摄像头像素	2000万像素+1200万像素
	传感器类型	BSI CMOS
	闪光灯	LED补光灯（双）
	光圈	后置f/1.6+f/1.6，前置f/2.0
	视频拍摄	4K（3840×2160，30帧/秒）视频录制 1080p（1920×1080，30帧/秒）视频录制 720p（1280×720，30帧/秒）视频录制
	拍照功能	激光对焦，混合对焦，OIS光学防抖，AI慧眼识物，3D动态全景，大光圈，2倍双摄变焦，黑白相机，慢动作，流光快门（含车水马龙，光绘涂鸦，丝绢流水，绚丽星轨），超级夜景，专业模式，人像模式，魅我，美肤录像，全景，HDR，熄屏快拍，笑脸抓拍，声控拍照，定时拍照，触摸拍照，水印，文档校正，延时摄影，PDAF+激光+深度+CAF混合对焦（后置）

华为Mate10拍摄雾景的照片，烟雾朦胧的感觉让画面显得很神秘

利用华为Mate10的慢门拍摄的水景效果很有意境

利用华为Mate10拍摄大场景的自然景观，有种大片即视感

利用华为Mate10的M档，将快门设置为1.4s得到的水流效果，如丝般的画面十分唯美

2.4 努比亚 Z17s

努比亚 Z17s拥有华丽的外观，采用炫光3D玻璃材质，曲面机身，科技感十足。

2.4.1 拍照硬件方面

努比亚Z17s配备前后双摄像头，后置主摄像头IMX362为1200万像素、辅助摄像头IMX318为2300万像素，光圈分别为f/1.8、f/2.0，其中传感器为全像素双核1/2.55英寸CMOS传感器，1.4微米大像素。前置配备两颗500万像素，f/2.2光圈，80°广角的摄像头，支持背景虚化、十级美颜、视频美颜、多效滤镜。

2.4.2 努比亚Z17s的拍摄亮点

1. 拍摄夜间作品。业内人士一提起努比亚手机，就会想到其出色的星空拍摄能力，也算是努比亚手机的家族功能了，如果你和我一样是个星野摄影爱好者，那拥有一台努比亚是必须的了，因为在星野摄影方面还没有一台手机可以跟努比亚相提并论。不管你是拍星空还是拍光绘作品，努比亚手机在拍摄时还会进行录像，是非常实用的功能。

2. 超强的对焦功能和降噪能力。努比亚Z17s采用1/2.55英寸索尼定制款大尺寸CMOS以及全像素双核对焦单元，相对普通PDAF相位对焦速度提升100%，更有0.03秒对焦速度与超强的智能降噪功能，同时搭配全新的NeoVision 7.0拍照引擎，拥有AI人像2.0模式。

努比亚Z17s机身背面展示

努比亚Z17s炫酷的官宣展示

手机相机参数表

拍照功能	摄像头数量	四摄像头
	前置摄像头像素	双500万像素
	后置摄像头像素	2300万像素+1200万像素
	传感器类型	堆栈式CMOS
	传感器型号	索尼IMX362(1200万像素)+IMX318(2300万像素)
	闪光灯	LED补光灯
	光圈	后置f/1.8(1200万镜头)+f/2.0(2300万镜头)，前置f/2.2
	广角	前置79.9°
	摄像头特色	前置三片式镜头，后置六片式驱动马达镜头，蓝宝石保护镜片
	拍照功能	Dual Pixel全像素双核对焦，双摄变焦，背景虚化，手持防抖，3D降噪2.0，人像美颜
	其他摄像头参数	NeoVision 7.0影像引擎

努比亚Z17s拍摄的星空照片　　　　努比亚Z17s拍摄的星轨照片

利用努比亚Z17s拍摄雾中的风景照片，构图、曝光等运用得当，拍摄出的照片很有意境

2.5　三星Note8

三星Note8是三星发布的首款双摄像头智能手机，其外观设计时尚，机身细长，手感圆润细腻，可以带来很好的持握感。

2.5.1　拍照硬件方面

采用后置双防抖摄像头，搭载1200万像素广角及远摄镜头，分别为f/1.7及f/2.4光圈，前置摄像头为800万像素，最大光圈为f/1.7。

2.5.2　三星Note8的拍摄亮点

1.优秀的全景拍摄。三星Note8的全景拍摄非常赞，使用了全像素拍摄，也就是说相机不会缩小分辨率，可以用Note8拍出一张3000万像素甚至更高像素的照片。

2.出色的背景虚化效果。三星Note8的实时对焦功能可让你拍摄出漂亮的背景虚化效果，使主体脱颖而出。如果对效果不满意，还可以在相册中随时调整背景虚化的程度。

3.超大光圈。三星Note8的前置摄像头采用f/1.7超大光圈镜头，即使在暗光环境下自拍也能拍摄出清晰照片。其智能自动对焦技术，实时追踪面部自动对焦，让你永远都是靓丽的焦点。

4.水下摄影。三星Note8之所以可以直接放入水中拍摄，是因为其拥有IP68级防尘防水性能，这是目前手机防尘防水的最高等级，即便在水中想要捕捉到美丽的画面，只需从容地打开相机按下快门，就可以将这一幕记录下来。（其实我还是建议你在外部配一个防水罩，会更安心）

三星Note8机身正面照

三星Note8机身背面照

手机相机参数表

拍照功能	摄像头数量	三摄像头（后置双摄像头）
	前置摄像头像素	800万像素
	后置摄像头像素	双1200万像素
	传感器类型	CMOS
	闪光灯	LED补光灯
	光圈	后置f/1.7+f/2.4，前置f/1.7
	视频拍摄	4K（3840×2160，30帧/秒）视频录制
	拍照功能	双OIS光学防抖，相位对焦，3D深度感测，超级夜景拍摄，智能自动对焦，2倍光学变焦，10倍数码变焦，饮食模式，专业模式，全景模式，慢动作，双景深拍摄，白平衡，极速双核对焦

在旅途中，利用三星Note8拍摄的人文作品，人物的表情和动作都被清晰地抓拍了下来

在旅途中，利用三星Note8拍摄的风光作品，色彩艳丽，画质清晰，是不是也想去照片里的地方旅行

2.6 联想 Moto Z 系列

Moto Z 系列手机是大屏商务机，看起来很大气，采用刀锋超薄设计，使得手机机身并不显厚重。但该款手机是模块式的，可扩展搭载各种模块来操作，如果加上模块就感觉有点厚重了。目前开发的除摄影模块外，还有音乐模块、投影模块、电源模块等。

2.6.1 拍照硬件方面

Moto Z 的前置摄像头为 500 万像素，配备前置闪光灯，并且支持广角拍摄，后置摄像头拥有 1300 万像素，支持光学防抖以及激光对焦功能。不过，由于机身非常薄，摄像头还是无法避免地凸起。手机摄影模块对接的是哈苏 HASSELBLAD TRUE ZOOM，模块厚度约 2cm，模块的握持部位有胶皮设计，方便拍摄时更牢固地握住。在模块背部搭载氙气闪光灯，侧面设有模块开关键、变焦旋钮和哈苏特有的橙色快门按键，快门采用两段式，半按对焦，按下去是拍照。

2.6.2 Moto Z 的拍摄亮点

手机可搭配多种模块是其最大亮点，而对于摄影来说，为手机安装上 Moto Z 哈苏摄影模块，10 倍光学变焦便是最吸引人的地方，能保证摄影师在进行变焦拍摄的同时，保持比较优质的画面。

Moto Z 机身欣赏

Moto Z 机身欣赏。可以看到机身背面的金属触点，用于与各种模块结合使用

可以为 Moto 安装多种智能模块

手机相机参数表

拍照功能	摄像头数量	双摄像头（前后各一个）
	前置摄像头像素	500万像素
	后置摄像头像素	1300万像素
	传感器类型	CMOS
	闪光灯	LED补光灯（双色温）
	光圈	后置f/1.8，前置f/2.2
	广角	前置84°
	视频拍摄	4K（3840×2160，30帧/秒）视频录制
	拍照功能	激光对焦，OIS光学防抖，快速拍摄，8倍数码变焦，自动HDR，全景拍摄，点触即拍，精彩时刻，夜晚模式，计时延迟拍摄
	其他摄像头参数	后摄像头：1.12um像素，双LED色彩补偿CCT闪光灯，ZSL闭环零延时技术，新的白平衡技术
		前摄像头：1.4um像素

使用手机广角端拍摄的视觉效果

为手机安装摄影模块，进行10倍光学变焦后拍摄的视觉效果

使用手机广角端拍摄的视觉效果

为手机安装摄影模块，进行10倍光学变焦后拍摄的视觉效果

2.7 魅族 Pro 7 Plus

魅族 Pro 7 Plus 外观商务范十足，拿在手中会有一种成熟稳重的感觉。

2.7.1 拍照硬件方面

手机的后置摄像头拥有双1200万像素，前置摄像头拥有1600万像素。包含画屏自拍模式，人像背景虚化模式，连拍模式，全景模式，极致黑白模式，延时模式，PDAF相位对焦，急速抓拍，Face AE脸部亮度智能调节，ArcSoft美颜算法自适应美肤技术。其中极致黑白是魅族 Pro 7

Plus的特色模式，相对于传统的黑白照片模式，该模式能保留更多的细节。夜景模式比想象中更好，可以看我在伸手不见五指的情况下拍的样片（欧乐堡那张夜景照片）。

2.7.2 魅族 Pro 7 Plus的拍摄亮点

提到魅族 Pro 7 Plus，最吸睛的地方就是后摄像头上的液晶显示了，对于喜欢自拍的女生是一个重要的福音，终于可以用像素比较高的后置镜头来自拍了，而且还有多种模式可以选择。

魅族Pro7 Plus的机身正面展示

魅族Pro7 Plus的机身背面展示，可以看到后置摄像头下的显示屏

魅族Pro7 Plus拍摄模式中的设置功能

手机相机参数表

拍照功能	摄像头数量	三摄像头（后置双摄像头）
	前置摄像头像素	1600万像素
	后置摄像头像素	主摄像头：1200万像素 副摄像头：1200万像素
	传感器类型	CMOS
	闪光灯	LED补光灯（双色温）
	光圈	f/2.0
	摄像头特色	前置五片式镜头，后置六片式镜头
	视频拍摄	支持
	拍照功能	画屏自拍模式，人像背景虚化模式，连拍模式，全景模式，极致黑白模式，延时模式，PDAF相位对焦，急速抓拍，Face AE脸部亮度智能调节等

利用魅族Pro7 Plus拍摄的旅游人像照

利用魅族Pro7 Plus拍摄的欧乐堡夜景照片

夜幕降临后的弱光环境下，魅族Pro7 Plus的成像表现

2.8　iPhone X

iPhone X是苹果公司推出的iPhone十周年纪念版手机，其在iPhone系列手机中的地位不言而喻，采用全面屏设计，光滑的玻璃面板手感舒适。

2.8.1　拍照硬件方面

iPhone X采用1200万像素广角＋长焦双摄像头，均支持OIS光学防抖。镜头的长焦端配备f/2.4光圈，广角端配备f/1.8的大光圈，并采用面积更大、速度更快的感光元件，拥有新的颜色滤镜和更深层的像素。前置摄像头为700万像素，光圈f/2.2。此外，iPhone X还创新地加入原深感摄像头系统，包含一系列精密的镜头和感应器。

2.8.2　iPhone X的拍摄亮点

1. 人像模式。iPhone X的人像光效模式包括自然光、摄影室灯光、轮廓光、舞台光、单色舞台光，但实际抠图精度还不是非常高，在复杂背景下容易出现穿帮。

2. 众多摄影应用APP。iPhone手机一直是我不离手的手机，主要的原因就是丰富的拍摄APP和后期APP，我至少下过100个以上摄影类APP，这是安卓系统所不能比拟的。

提供众多摄影APP下载

iPhone X机身背面欣赏

iPhone X机身正面欣赏。可看到时尚的全面屏，因其对于手机前置摄像头位置的预留，我们也称它为"齐刘海"

iPhone X实时拍摄模式

手机相机参数表

拍照功能	摄像头数量	三摄像头（后置双摄像头）
	前置摄像头像素	700万像素
	后置摄像头像素	双1200万像素
	传感器类型	背照式 CMOS
	闪光灯	LED补光灯（四枚）
	光圈	后置f/1.8（广角）+2.4（长焦），前置f/2.2
	摄像头特色	后置六片式镜头，蓝宝石玻璃镜头表面
	视频拍摄	4K（3840×2160，60帧/秒）视频录制 1080p（1920×1080，30帧/秒）视频录制 720p（1280×720，30帧/秒）视频录制 视频光学图像防抖功能 光学变焦；6倍数码变焦 4-LED 原彩闪光灯 慢动作视频，1080p (120 fps 或 240 fps) 延时摄影视频（支持防抖功能） 影院级视频防抖功能 (1080p 和 720p) 连续自动对焦视频 身体和面部识别功能 降噪功能 4K 视频录制过程中拍摄 800 万像素静态照片 变焦播放 视频地理标记功能 视频录制格式：HEVC 和 H.264
	拍照功能	摄像头：光学变焦，10倍数码变焦，人像模式，人像光效（测试版），双镜头光学图像防抖功能，支持慢速同步的4-LED原彩闪光灯，全景模式（最高可达 6300 万像素），混合红外线滤镜，Focus Pixels自动对焦，Focus Pixels轻点对焦，Live Photo(支持防抖功能)，拍摄广色域的照片和 Live Photo，优化的局部色调映射功能，身体和面部识别功能，曝光控制，降噪功能，自动 HDR 照片，自动图像防抖功能，连拍快照模式，计时模式，照片地理标记功能 原深感摄像头：人像模式，人像光效(测试版)，动话表情，1080p 高清视频拍摄，视网膜屏闪光灯，拍摄广色域的照片和 Live Photo，自动 HDR，背照式感光元件，身体和面部识别功能，自动图像防抖功能，连拍快照模式，曝光控制，计时模式

▶ 小贴士：

我的原则就是只选对的，不选贵的，量力而行，够用就好；当然了，如果经济条件允许，那还是选择贵一些的手机，必定贵有贵的道理。

利用iPhone X拍摄我家的猫咪，两只小猫一上一下，方向一左一右，是不是很有趣

这张也是用iPhone X拍摄的，地面上映出了猫咪的影子，形成了上下对称的美感

iPhone X在夜晚弱光环境下的拍摄表现也很优秀

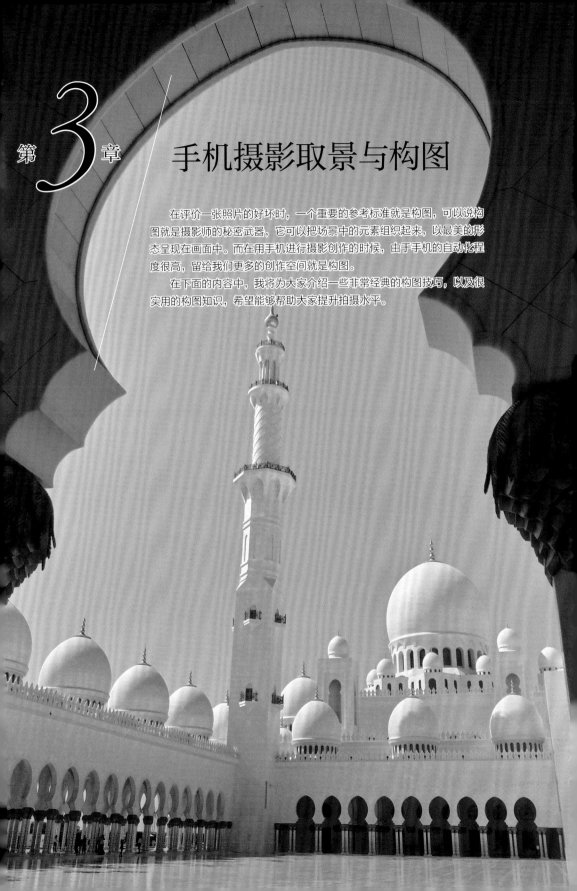

第 **3** 章 / 手机摄影取景与构图

在评价一张照片的好坏时，一个重要的参考标准就是构图，可以说构图就是摄影师的秘密武器，它可以把场景中的元素组织起来，以最美的形态呈现在画面中。而在用手机进行摄影创作的时候，由于手机的自动化程度很高，留给我们更多的创作空间就是构图。

在下面的内容中，我将为大家介绍一些非常经典的构图技巧，以及很实用的构图知识，希望能够帮助大家提升拍摄水平。

3.1 正确的手机拍照姿势

使用手机拍摄照片时，很多人习惯单手持机拍摄，殊不知，这样会影响照片的质量，因为在单手按下快门的瞬间，会有轻微的晃动产生，这种晃动来自于手臂的晃动、手指按下快门的晃动，以及拍摄者呼吸和心跳造成的晃动。在拍摄时，选择正确的拍摄姿势，可以让手机更加稳定。

在这里，我为大家分享三个拍摄要领，从而帮助大家得到稳定的拍摄环境。

1. 双手持机拍摄。双手持机是拍摄姿势中最基本的，但双手持机不是只用四根手指"捏"住手机，那样也不能保证拍摄的稳定。

2. 可以找个倚靠。例如靠着树木、栏杆、墙壁等牢固的物体，用来保持拍摄者的身体稳定。

3. 使用三脚架。除了手持拍摄，还可以把手机安装在三脚架上，以保持手机的稳定。

以下是在使用手机进行拍摄创作时，正确的拍摄姿势演示。

正确的持机姿势，是用手尽量包围住手机，保持稳定性，调整呼吸，以确保画面清晰

为手机安装上三脚架，最大程度保证拍摄时的稳定

以下是在使用手机进行拍摄创作时，不稳定的拍照姿势演示。

单手持机拍摄，手机并不稳定

双手持机后，只用四根手指"捏"住手机，也并不能保证手机的稳定

▶ 小贴士：

双手持握手机时要避免手指挡住镜头，否则一幅很美的照片，有个手指出现在边角位置，会破坏画面的美感。

3.2 选择不同画幅

我们在用手机拍摄照片的时候，最常用到的画幅形式有三种，即横画幅、竖画幅、方画幅，并且每个画幅都有其各自的特点。

3.2.1 横画幅

横画幅如同一个标准的横向长方形，这与我们人眼的视觉范围很接近，所以横画幅的照片也最符合人们的视觉习惯，画面表现也就更为自然。

横画幅的特点：可以展现场景中更多的横向内容，使画面视角更为宽广，并具有开阔的美感。

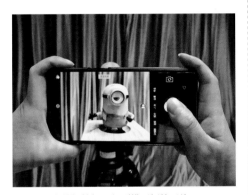

将手机横向持握拍摄，得到横画幅的照片

近景位置的冰面，中景位置的树林，以及背景的天空，形成一幅美丽的画卷，此时利用横画幅来展现，可以得到视野宽广的画面效果

3.2.2 竖画幅

竖画幅就好比是一个标准的竖向长方形，想要将画面的空间纵深感表现得更强烈，或者想要将主体高大、挺拔的特征展现出来，可以利用竖画幅来拍摄。

竖画幅的特点：可以增强画面的空间纵深感，并且能够把场景中的上下内容紧密联系在一起。

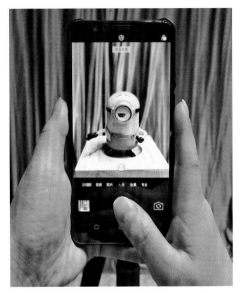

将手机竖向持握拍摄，得到竖画幅的照片

拍摄同样的场景，但改为竖画幅拍摄，增加了纵深方向的冰面和天空，画面的空间纵深感得到突出体现

对于同一场景，是选择横画幅还是竖画幅拍摄，可以根据照片的用途来决定，比如将照片作为电脑桌面，便可以拍摄横画幅照片；而想要将照片作为手机屏保，便可以拍摄竖画幅的照片。

油菜花丛、树林、天空以及黄金分割位置的风车，组成一幅美丽的风景照，利用横画幅来展现，给画面带来宽广的视觉美感，同时横画幅照片可以用作电脑屏保

同样的风光场景，利用竖画幅来展现，画面的空间纵深感增强，同时竖画幅的照片可以用作手机屏保或者杂志封面

▶ 小贴士：

如果横竖画幅都不能展现想要的效果，可以尝试使用手机的全景模式来拍摄。用全景模式来展现画面，也许会有意想不到的效果。

利用竖画幅与横画幅拍摄，都不能得到满意的效果

利用手机中的全景模式拍摄，画面会拥有一种宽阔的美感。同时，场景中的石柱也起到了引导人们视线的作用，画面更有空间立体感

这是我到维也纳旅游时，在维也纳的卡尔教堂广场前拍摄的照片。分别用了横画幅和竖画幅，以及全景模式拍摄了同一场景，它们都有着各自的画幅特点。

用竖画幅展现卡尔广场里的建筑，将池水和建筑紧密地联系在一起，建筑也显得更为高大、坚挺

用横画幅拍摄同一建筑场景，更多的横向内容得到展现，画面视角也变得更加开阔

利用手机中的全景模式拍摄，将环境中的更多内容展现在照片中，可以将广场展现得更加宽广

3.2.3 方画幅

除了横、竖两种画幅，还有一种非常经典的画幅也是我们常会用到的，那就是长宽比为1:1的方画幅。方画幅的形式并不是当下才流行的，其最早可追溯到6×6画幅的胶片相机时代，但在当下越发受到追捧。

如何得到方画幅照片

在使用手机拍摄照片时，大多数手机自身就带有方画幅的拍摄功能，即便手机没有直接拍摄方画幅的功能，利用手机上的修图软件对照片进行裁切，也可以得到方画幅的效果。

方画幅的特点

因为方画幅是标准的正方形，所以会给画面带来均衡、严肃、稳定、静止的视觉效果，适合展现风光、建筑等题材。另外，方画幅也可以将场景中杂乱的元素裁切掉，使画面更显简洁干净。

有些手机自带方画幅形式，可以直接得到方画幅的照片

如果手机不能直接拍摄方画幅照片，可以先拍摄横画幅或是竖画幅的照片，然后使用修图软件对照片进行裁切处理

在原片中，街道上的人们与地面上的影子可以作为画面的兴趣点，但竖画幅拍摄，画面进入了一些无关元素，破坏了画面的简洁

经过对原片进行后期调整，得到这张颇具魅力的手机摄影作品。那么我是如何做到的呢？下面，就为大家解析一下！

关键的三个步骤。

1. 将原片进行方画幅裁切，把多余的元素裁切掉。

2. 将照片调整为黑白色调，让颜色更加统一。

3. 对照片进行180°旋转，使画面更显梦幻，影子与人物颠倒，光影效果也更显突出。

3.3　选择不同的拍摄角度

很多人都有这样的习惯，拿出手机拍照，却只使用平视角度拍摄。使用平视角度拍摄没什么问题，但千篇一律地使用，照片效果会显得平淡，缺乏视觉上的新鲜感。除了平视拍摄，我们还可以用仰视、俯视，以及特殊角度拍摄，每一个角度都有其各自的特点。下面，我就为大家详细介绍一下。

3.3.1　仰视角度

仰视拍摄，需要拍摄者的位置低于主体，形成自下而上的拍摄角度。我们在用手机拍摄照片的时候，适合仰视角度拍摄的主体有很多，比如建筑、树木、山峰、人像、花卉等题材都可以使用。

仰视角度的优点：仰视角度可以展现出主体高大挺拔的效果，自下而上的拍摄视角也避开了位置较低的杂乱事物，可以使画面更加简洁，主体得到突出。

需要注意的事项：由于近大远小的现象，仰视拍摄会使主体形成下宽上窄的变形效果，当仰视拍摄的角度越大时，这种变形效果越大，带给画面的视觉冲击也就越强。反之，变形效果越小。

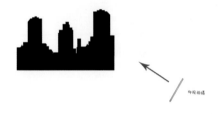

仰视拍摄示意图

利用仰视角度拍摄花卉，可以避开地面杂乱的场景，将蓝天白云作为背景，得到简洁的画面效果，花卉主体也更显突出

拍摄古典建筑中的树木，利用仰视角度可以将其拍摄得高大挺拔。另外，将屋檐也构建在画面中，让构图更加吸引人的眼球，引发联想

3.3.2　平视角度

　　平视角度是我们日常生活中最常接触的角度，得到的画面也最符合人们的视觉习惯。在拍摄人像、宠物、静物、风光等题材时，都可以使用平视角度拍摄。

　　平视角度的特点：会更真实地展现主体内容，不会产生畸变效果，同时，可以拉近我们与画面内容的距离，使画面表现得更为自然、生动。

　　需要注意的事项：由于平视角度会使场景中更多的元素进入画面，稍不注意就会显得杂乱，主体也得不到突出，因此要格外注意背景是否杂乱。另外，相比于仰视和俯视角度，平视角度展现得画面会略显平淡，为了避免平淡，可以添加一些有吸引力的元素，比如一些线元素，或是前景等。

平视拍摄示意图

利用平视角度拍摄建筑时，为画面添加一些前景，使画面更有空间层次感，前景与主体进行对比，主体景物也会更显突出

利用平视角度拍摄森林，树木形成的垂直元素增加了画面的吸引力，而草地、树林、天空形成的色彩对比，也使画面效果不显平淡

利用平视角度拍摄游乐场的景色，将水面倒影也构建在画面中，使画面不显平淡。另外，岸边的曲线也能起到引导视线的作用，增强了画面的空间纵深感

3.3.3 俯视角度

俯视拍摄，需要拍摄者的位置高于主体，形成自上而下的拍摄角度，比如想要展现大场景的城市风光，我们就要站在较高的建筑楼顶进行俯拍。

俯视角度的优点：俯视角度拍摄，会有种居高临下、纵观全局的效果，画面视野非常宽广，同时也很有视觉冲击效果。

需要注意的事项：俯视拍摄也会受近大远小的影响，如果是拍摄人物，当手机离人物越近时，产生的大头效果越明显。如果是拍摄风光或建筑题材，手机离主体越远时，所能展现的视角也就越大；手机离主体越近时，所得到的视野就越小。当然，随之而来也会有一种畸变现象。

在飞机上，我们可以透过舷窗对地面的景色进行俯拍，这种高度的俯拍并不是生活中常有的，为此画面也极具魅力，非常震撼

俯视拍摄示意图

站在制高点进行俯拍之时，我们还可以利用手机中的全景功能拍摄，使照片的视野更加宽广，视觉冲击更强烈

3.3.4　特殊角度

　　除了利用仰视、俯视、平视这三种常规角度拍摄，我们还要学会打破常规，选择一些与众不同的视角拍摄，将自己独到的创意融入画面中，会更容易让人记住你的作品。

　　那么怎样找到与众不同的视角呢？这里并没有明确的方法，但我可以给大家提供一些建议，帮助大家发散思维，寻找到属于自己的独特视角。

　　1. 打破常规：跳出标准的拍摄视角，寻找新鲜有趣的效果，比如镜面或水面反光的效果。

　　2. 多去尝试：当你对某个角度犹豫不决时，去尝试拍摄一下，数码时代也不会浪费胶卷。

　　3. 碰碰运气：发现独特的视角，有时候也是需要运气的，但前提是你要拿出手机拍照，只有去拍，才能遇到。

放在地上的镜子，将猫咪可爱的表情反射出来，然而给我们印象最深刻的，除了猫咪可爱的表情，就是画面独特的视角。我用手机拍摄镜子，是俯视角度，而镜中的猫咪又是仰视角度

这张照片是我在公司三楼利用俯视角度拍摄的，其实经过这里的人有很多，但我发现这位安保人员的红色礼服最合适这个场景，会形成一种视觉兴奋点。另外，安保人员的影子被拉长，与花卉的影子形成很抽象的效果，画面非常有趣

3.4　利用场景中的各种线元素构图

在摄影构图中，线条元素对画面的影响不容忽视，常见的线条元素有水平线、垂直线、对角线、S曲线等。如果运用得当，这些线条元素可以起到组织画面内容、让画面井然有序的作用。

另外，这些线条也都拥有自己独特的美感，可以赋予画面不同的视觉感受。

3.4.1　水平线

在摄影中，水平线是最基础的线条元素，在拍摄风光题材或是建筑题材时常会遇到，比如地平线就是出现频率最多的水平线。

水平线构图的特点：画面中会有一条或是多条水平线，并且会给画面带来开阔、稳定、自然的画面感受。

需要注意的事项：水平线有时并不会很明显地出现在场景中，它们或长或短或隐或现，需要我们用发现美的眼睛去挖掘它们。另外，如果不是追求一些特殊效果，尽可能保持水平线的水平，

一条歪斜的水平线会打破画面的平衡，让构图显得不严谨。

场景中的水平线

拍摄海边的风景，利用地平线进行水平线构图，画面会展现出一种开阔、稳定、舒畅的感受，将坐在长椅上的老夫妇安排在画面的前景位置，给画面融入了一种浓浓的感情色彩，使画面更加感性

画面中的主体是这些造型精致的古典建筑，利用建筑背景中的地平线进行水平线构图，使画面得到稳定、自然的效果

3.4.2　垂直线

在日常生活中，垂直线也是比较常见的线条元素，比如城市中的高楼、街道上的电线杆，或者笔直的树木，都是垂直线元素，在构图时，我们也可以利用这些垂直线进行构图拍摄。

垂直线构图的特点：会有突出的垂直景物出现在画面中，并给画面带来挺拔、稳定、硬朗、安静的画面感受。

需要注意的事项：首先要保证垂直景物在画面中的垂直，如果垂直景物是歪斜的，那么会让构图显得不严谨，同时也会破坏掉垂直线拥有的美感。

场景中的垂直线元素

在中央电视塔下，是车水马龙的街道，原本动态的车流会使画面显得不稳定，但在画面中间的电视塔，像定海神针一样给画面带来稳定、挺拔、硬朗的感觉

想要拍出好照片，就要有一双善于发现美的眼睛。这张照片中的倒影增加了画面的美感，而这水面其实就是路上的小水洼。另外，画面中巨型的雕像建筑与地面形成垂直关系，给画面带来一种稳定、牢固的感觉

鱼眼镜头带来的画面效果非常震撼，同时，将与地面垂直的风车构入其中，让画面震撼却不失稳定

3.4.3　对角线

在进行构图创作的时候，对角线也是常会用到的线条元素，比如在拍摄人像、风光、建筑等题材时就常会用到。

对角线构图的特点：主体是带有对角线元素的景物，使画面表现出一种延伸、生动、灵活、动感的效果。

需要注意的事项：想要使对角线表现得更为突出，就要避免对角线周围有杂乱的事物，否则会干扰对角线的表现。另外，生活中标准的对角线并不常见，更多时候是利用倾斜相机的方式得到的。

利用场景中的地平线进行构图，得到稳定、开阔的画面效果，如果想让画面显得更动感，可以利用山脊形成的线条元素进行对角线构图

场景中的对角线元素

通过调整手机的拍摄角度，将山脊的线条以对角线的形式呈现出来，使画面更显动感。另外，通过对画面进行镜像调整，使画面更符合人们的视觉习惯，线条表现更具美感

拍摄树干上的小螳螂，中规中矩的拍摄，画面略显平淡

通过倾斜手机，进行对角线构图，使画面更显动感，小螳螂表现得也更为生动，有积极向上的寓意

▶ 小贴士：

以前，我在使用iPhone4手机拍摄的时候，手机还没有全景功能，那时要拍摄宏大的场面，我就用对角线的方法来拍。但对角线拍摄也有禁忌，比如在拍摄房梁、海平面、地平面这类场景时，就要避免使用对角线，因为人们的潜意识会觉得这类场景中的线条就应该是水平的，如果出现歪斜总想把它矫正，所以对角线构图要选择适合的场景。

在手机微距镜头下，枝叶的叶脉以及小水珠表现得十分清晰，这是我们平时用肉眼难以观察到的场景，画面表现很有魅力，利用主叶脉进行对角线构图，画面显得更为生动灵活

3.4.4　S曲线

在所有线条元素中，S曲线可以算是最具美感的线条元素了。利用S曲线进行构图，同样会增加画面的美感。在我们的日常生活中，S曲线也较常见，比如公路、河流、立交桥等都是很好的S曲线元素。

S曲线构图的特点：会以类似于S曲线的景物为主进行取景构图，让画面具有曲线美感，同时画面表现得会更加协调、优美。

需要注意的事项：S曲线出现的形式多种多样，但并不要求一定是标准的英文字母"S"形，可以是类似"S"形的曲线，也可以是接近"C"形的曲线。

场景中的S曲线元素

向上旋转的楼梯以及楼梯中间的装饰都属于S曲线元素，同样会赋予画面线条的美感。另外，楼梯中间的装饰与周围环境形成了明暗对比效果，画面更有气氛

弯曲的河流是很好的S曲线元素，它可以给画面带来线条美感和空间感。另外，通过倾斜手机，让画面同时拥有对角线元素，增强了视觉冲击效果

利用蜿蜒的公路进行S曲线构图，使画面具有S曲线的美感。同时，对一辆行驶的汽车进行抓拍，使汽车刚好在黄金分割点附近，增加了画面的视觉兴奋点

3.4.5 汇聚线

介绍完最具美感的线条，我们再来说一说视觉冲击力最强的线条，那就是汇聚线。汇聚线会给画面带来强烈的空间立体感和纵深感，给人很强的视觉冲击力，同时起到引导作用，将观看者的眼球吸引到汇聚点。

汇聚线构图的特点：会有两条或两条以上的平行线向画面远方延伸，因近大远小的效果，最终会汇聚到画面的某一位置，给画面带来强烈的空间立体感和纵深感。

需要注意的事项：当汇聚线消失在某一点时，往往会有地平线出现，为此我们要保证画面的水平，汇聚线本身已经很有视觉冲击效果，无需在通过倾斜水平线来增加效果，那样会使画面显得不协调。

场景中的汇聚线元素

在通往地铁的走廊中，扶梯扶手、墙角线、屋顶的灯、护栏等景物，同样形成了汇聚线效果，这种汇聚线带来的视觉冲击很有魅力

从地下通道出来，楼梯两侧的墙壁和护栏形成了汇聚线效果，画面很有空间纵深感。而画面的点睛之笔，在于一位穿红色上衣的行人刚好在汇聚线即将消失的位置

公路除了可以呈现出S曲线的效果，也可以呈现出汇聚线的效果，只要选择一条弯曲度不强的公路就可以。但为了使公路呈现得汇聚效果更明显，要避免在前景位置安排过多的景物

3.5 井字形构图

井字形构图也称为九宫格构图，是我们最常用到的构图技法之一。在进行井字形构图时，需要用虚拟的横竖四条直线把画面平分成九份。在平分过程中，这四条直线会出现四个的交叉点，将主体安排在这四个交叉点位置上，就是井字形构图。

井字形构图的特点：井字形构图是黄金分割法的延伸，我们会把主体安排在井字形四个交叉点位置上，这种构图非常符合人们的视觉习惯，画面表现自然、和谐、均衡。

需要注意的事项：要根据现场环境以及主体形态等因素，合理选择四个交叉点的位置。我们一般会认为右侧的两个交叉点最为理想，但这也并不是一成不变的。

▶ 小贴士：
> 如果想象不出井字形构图，可以拿出手机，打开拍摄模式，屏幕出现的辅助线就是井字形的构图线

木棍上的冰霜，与周围环境相比显得很突出，将其安排在井字形交叉点的位置上，画面表现更自然

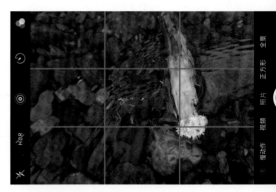

手机拍摄模式下的井字形构图线

将盛开的花朵安排在井字形交叉点的位置，使其得到突出表现，一只蜜蜂落在了花朵上，对画面起到点睛的作用。另外，花朵本身也与背景形成了色彩对比关系，表现更为突出

将树干上的叶子安排在井字形交叉点的位置上，让其得到突出体现。另外，叶子的形状像一只展开翅膀的蝴蝶，画面表现更为自然、生动

3.6 对称式构图

对称式构图也是一种常用的构图方式，通常我们会把对称关系分为左右对称和上下对称。左右对称一般会在拍摄建筑题材时遇到，而上下对称则是在拍摄有水面倒影或是玻璃反光等场景时会遇到。

对称式构图的特点：以场景中具有对称关系的景物为主进行构图拍摄，这种构图效果会给画面带来稳定、呼应、均衡的感受，并突出对称之美。

需要注意的事项：无论是上下对称还是左右对称，都要遵守正规严谨的构图理念，否则会破坏对称之美。另外，对称构图有时会使画面显得呆板、缺少变化，我们需要掌握一些小技巧来避免这种呆板，比如引入动态元素或者新构图打破呆板。

光亮的地面反射出楼梯和玻璃窗的倒影，它们拥有的线条元素也被倒映出来，画面充满现代感以及艺术感

可以利用镜像对称，从不同的方向看不同画面的感觉，选择最佳效果

虽然是对称式构图，但画面略显呆板

在画面中加入行走的人，避免了画面的呆板，照片显得更精彩，还增加了想象力

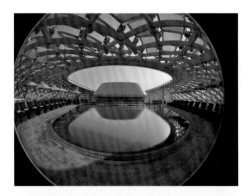

带有曲线元素的楼梯，形成左右对称的关系，画面既有线条的美感，也有景物间的对称之美

酒店顶层泳池，顶棚的形状与馆内水池的形状相同，形成对称与呼应的关系

利用玻璃反光将地面景物映射出来，展现出一种对称的美感。同时，由于地面景物是向远方延伸的公路，与玻璃中的影子形成了汇聚线效果，增加了画面的空间纵深效果

3.7 多点式构图

多点式构图也称"散点式构图"，是指在画面中出现多个相似元素或是重复元素的被摄体，我们将这些重复元素以多点布局的形态安排在画面中。

多点式构图的特点：画面中会有很多重复的元素，并且会给画面带来很强的节奏感，照片显得充实饱满，而画面又不显得杂乱。

需要注意的事项：要尝试变换不同的拍摄角度，使主体的特征更为全面地展现在画面中，产生的视觉效果会有不同的变化。另外，可以为手机安装上鱼眼镜头，鱼眼的效果可以加深构图的形式感。

拍摄花卉时，单点构图的效果

拍摄花卉时，多点构图的效果

利用多点式构图安排花卉的位置，并刻意将没有鲜花的叶子也构入其中，与开花的区域形成一种对比，这也是多点式构图的一种创新

想要加深构图的形式感，可以为手机安装上鱼眼镜头拍摄

3.8 框架式构图

框架式构图是一种十分经典的构图方式，在取景拍摄时，如果场景中有一些可以将主体围住的景物元素，我们可以将它们当作框架元素进行拍摄创作，从而突出中间的主体，并能让观者的视线集中。在日常生活中，常见的框架元素有很多，比如窗户、门框、树枝、影子等。

框架构图的特点：会有类似框架的元素将主体框起来，使主体表现得很突出，画面效果也很有艺术表现力。

需要注意的事项：框架元素的形式多种多样，可圆、可方、可虚、可实，可以是任何物体。另外，要注意主体与框架的大小比例关系，可以通过调整主体与框架的距离，或者是摄影师与框架的距离，来控制这种大小比例关系。

以下是利用不同框架元素进行框架式构图的作品。

如果直接拍摄这座建筑，在构图上会略显平淡，观察周围环境，找到可以作为框架元素的景物进行框架式构图，增加了画面的形式感和空间感

利用树枝作框架元素，突出直升机编队

利用牛犄角作框架元素，突出远景位置的佛香阁

利用水晶球作框架元素，突出中心位置的树木

利用墙窗作框架元素，突出院内的古典建筑

这是一张很有意思的自拍照，玻璃的反光把我和背景中的景色映射出来，而周围的框架元素使玻璃中的内容更突出，也更有空间层次感

窗外的景色其实并无特别之处，但进行框架式构图，并利用大光比得到明暗对比的效果，使平凡的画面变得很有艺术气息

3.9 开放式构图

开放式构图是一种非常经典的构图方式，它打破了传统的构图观念，并且不再讲究构图中的均衡与严谨，而是追求给人们带来更大的空间联想。

开放式构图的特点：主体都不是以整体效果呈现的，而是刻意对主体或与主体有关的部分进行切割，这样当人们看到画面中的主体时，就会下意识地联想到画面外与主体相关的部分，从而产生更大的空间想象。

需要注意的事项：除主体的局部内容外，还要适当给画面留白，避免让画面显得拥挤，让效果更自然。

利用开放式构图拍摄建筑，主体既有对称又有放射线构图存在，会让观者下意识的联想画面之外的建筑和河道的延展，增添了画面的空间想象

拍摄花卉时，利用开放式构图截取花朵的一部分，画面显得更抽象，形式感更强

3.10 封闭式构图

封闭式构图的拍摄方式与开放式构图截然相反,其追求的是保证画面结构的独立性以及完整性,并且要保持构图的严谨性。

封闭式构图的特点:主体是以整体形态呈现的,取景时,要将选好的区域看成一个封闭的空间,将主体控制在这个空间范围内即可。主体可以在画面中心,也可以在画面的黄金分割点上。封闭的空间会把人们的视线集中在主体上,从而使构图形式呈现出完整统一、均衡、和谐的效果。

需要注意的事项:由于封闭式构图比较中规中矩,为此要尽量选择一些自身就很有吸引力的主体进行拍摄。

利用封闭式构图拍摄一朵盛开的小花,可以让其得到突出呈现。另外,白色的花朵与暗色的背景也形成了明暗对比关系

利用封闭式构图拍摄岸边的灯塔,并将其安排在黄金分割点附近,使其得到突出体现的同时,画面表现也更加自然

3.11 极简构图

极简构图是一种当下非常流行的构图方式，画面构成十分简洁，给人的感觉也很文艺，呈现出一种简约的美感。

极简构图的特点：画面构成十分简洁，画面内的元素也很少，主体只占画面很小的部分，其余都是由留白构成。在画面色彩上，多以黑白影像呈现，画面大部分为白色，主体为黑色，或是主体是艳丽的颜色，而其余部分为暗淡的颜色。

需要注意的事项：一定要保证画面的干净简洁，避免有过多的元素，背景可以是纯色画面，也可以是有规律元素的画面。

场景中的景物呈现出简约的灰色系，一位背包客以深色影像出现在画面中，增加了画面的视觉兴奋点，同时形成的极简构图，让画面很有意境

利用极简构图的方式拍摄街上的护栏，由于光照原因，护栏在地面上形成了影子，将实的景物与虚的影子同时构建在画面中，虚与实形成的对比让原本很平常、很不起眼的一个小景变得精彩有趣

利用仰视角度拍摄蒲公英，将天空作为背景，同时用黑白影调来展现画面，得到极简构图的效果，整幅画面犹如泼墨画一样，很有艺术感。另外，蒲公英的形态也寓意着相互吸引之意，画面很生动有趣

3.12 构图中的减法

一张合格的手机摄影作品，首先要做到的就是保证画面的简洁干净，对于场景中那些多余的物体，要适当做减法，比如在旅游景点拍摄人物纪念照，要等无关的游客走出拍摄范围，然后再按快门拍摄。

在进行减法构图时，可以参考以下几种方法来拍摄。

1. 靠近主体，达到虚化背景

如今的手机光圈都很大，当镜头离主体越近时，背景虚化效果越明显。当然，背景离主体越远，虚化效果也会增强。

2. 变换拍摄角度，避开杂乱物体

通过变换拍摄角度为画面做减法，比如移动手机的拍摄位置，或是从平拍改为俯拍、仰拍等角度，从而避开杂乱的物体。

3. 靠近主体拍摄

这里所说的靠近主体，并不是为了虚化背景，而是让画面中的元素更少。

4. 大光比下降低曝光补偿

如果背景受光要暗于主体，可以用手机对主体进行测光，然后降低手机曝光补偿，从而压暗背景，得到减法效果。

拍摄茶具的全景效果，画面显得十分杂乱，找不到突出的主体

对画面做减法，只对场景中的一个茶具进行拍摄，得到主体突出、画面简洁的照片，还可以让观者对画面外的场景产生联想。

通过旋转，使背景呈虚化效果，毛绒玩具呈清晰成像，这也是一种减法

其实创作本身就来源于生活，我有很多照片都是在平时生活中拍摄的，比如下面这张手机作品。

在这张照片中，背景是一个施工的围挡，主体是爬山虎的叶子，当正午的阳光照射下来，把爬山虎的叶子照射得很通透，与背景中的围挡形成很大的光比，我就用到了降低曝光补偿的方式为画面做了减法。

双手持机，对主体进行井字形构图

通过降低手机曝光补偿，将背景压暗，以得到减法效果

施工围挡被压暗后，画面显得很简洁，将爬山虎很好地展现出来，而这种明暗对比效果也增加了画面的气氛。生活中原本很不起眼的一个场景，通过一定的摄影技法，就可以获得一幅很精美的摄影作品

3.13 构图中的加法

我们在用手机拍摄照片的时候，为了得到满意的画面效果，有时还需要对画面做加法。但并不是说画面中的元素要有很多，或是胡乱加入某些元素就是加法，而是要有一定预见性地添加，比如拍摄一处场景，也许这个场景里再加入一个路人会显得更有故事性。

在进行加法构图时，可以参考以下几种方法来拍摄。

1. 添加适合的景物

加法并不是随意添加，要选择能够为画面加分的景物，否则还不如不添加。

2. 抓住好时机拍摄

如果添加的元素有一定的预见性，要提前做好拍摄准备，不要错过最佳拍摄时机。

3. 刻意安排

为了得到更理想的画面效果，可以让身边的朋友充当路人，出现在场景中。

4. 保持画面的简洁

即使是在为画面做加法，也要保持画面的简洁。

原片中，汇聚线构图使画面空间纵深感表现得很强烈，但却缺少些吸引人的兴趣点

适当等待一下，等一个路人经过，并等她走到楼梯顶点时再拍摄，让人物成为画面的点睛之笔，这样得到的画面效果会生动得多

当一个骑自行车的路人经过，对画面进行抓拍，从而对画面做加法，画面不再显得空荡

原片效果，虽然利用了上下对称构图，但画面缺少视觉兴奋点

让同行的人站在窗户位置，有了人的加入，画面显得更丰富

原片效果，对场景进行框架式构图拍摄，但框架内缺乏主体，画面显得比较单调

3.14 利用各种对比关系进行构图

我们在用手机拍摄照片的时候，还可以利用物体间拥有的对比关系进行构图，常见的对比关系有大小对比、动静对比、明暗对比、色彩对比、远近对比等。

3.14.1 大小对比

利用大小对比关系进行构图拍摄，可以通过事物间存在的体积对比、高度对比、长短对比等来实现。

大小对比的作用：以大衬小，以小衬大，比如拍摄比较高大的景物，如果不利用大小对比关系，很难在画面中表现出景物到底有多高大。

需要注意的事项：保证进入画面的元素不要过多，除了有对比关系的事物外，尽量保证画面的简洁，这样可以使对比效果更加突出。

拍摄个头很小的蛙，没有对比，很难看出它的大小

将小蛙放在手中，让手指与蛙形成大小对比关系，这样可以很容易看出蛙的大小

几名游客和周围环境形成大小对比关系，与自然景色相比，我们人类会显得太过渺小

3.14.2　动静对比

　　拍摄动静对比的照片，核心在于慢门的运用，只有快门变慢，才能得到动静对比的效果。

　　在实际拍摄时，场景中的光线不能太充足，可以在室内拍摄，也可以在阴天或是傍晚的室外拍摄，这些环境中的光线都不充足，可以保证有一个较慢的快门速度，这样运动的物体会成为模糊状态，与静止的物体形成动静对比关系。

　　动静对比的作用：以动衬静，或者以静衬动，让画面显得更加动感。

　　需要注意的事项：保持手机稳定，否则运动的物体和静止的物体都会成虚化效果。

人来人往的地铁站内，用手机对一位坐在地上的老奶奶进行拍摄，由于地铁内光线并不充足，手机快门很慢，使周围快速经过的人流呈虚化效果，这些行人与相对静止的老奶奶形成动静对比关系，画面表现得十分动感

> ▶ 小贴士：
>
> 拍摄这种螺旋效果的画面，则不需要保持手机的稳定，相反还要让手机动起来，把手机镜头对准树叶主体，然后快速以树叶为中心逆时针或是顺时针旋转，由于光线微弱，快门速度慢，就会得到此类效果。

北方的秋天是最令人陶醉的季节，一片红色的叶子飘在水面上，很有诗意，给人一种静态的美感

同样的场景，通过旋转手机拍摄，让周围的叶子成虚化形态，而中间的红叶相对清晰，从而形成一种动静对比，画面展现得十分动感

3.14.3 明暗对比

利用明暗对比拍摄的画面，深受摄影爱好者的喜爱，原因就在于明暗对比拥有一种独特的画面气氛。当拍摄场景中的光照不均匀，景物间的受光差异很大时，就容易出现明暗对比的效果。

明暗对比的作用：烘托画面气氛，增添画面艺术性，突出主体。另外，因为周围环境被压暗，也有减去杂乱、优化背景的作用。

需要注意的事项：在大面积的亮调影像中，小面积暗色区域会较为吸引人；而在大面积的暗调影像中，小面积的亮色区域则较为吸引人。要将主体安排在这些吸引人的区域，以突出主体。另外，还要注意测光，对主体亮部区域进行测光，从而压暗周围环境。

傍晚时分，明亮的天空与建筑的剪影形成明暗对比效果

将花卉放在室内局部光的位置，并对光亮区域进行测光拍摄，从而得到明暗对比效果

在地下通道拍摄明暗对比的画面，通道拥有的汇聚线效果以及明暗对比效果，可以对视觉产生双重冲击。将三个行人安排在通道的尽头，通道尽头的亮光仿佛通向另一个平行时空，而这三个人也像未来战士一样，画面充满科幻色彩

3.14.4　色彩对比

在进行拍摄创作时，色彩对比也是常会用到的构图技法。当摄影进入彩色相机时代，色彩便成为照片中重要的构成元素之一，而拥有色彩对比的照片，会直接给人们在视觉感官上带来刺激。另外，色彩对比也让画面展现得更有艺术美感。

色彩对比的作用：区分画面的主体位置，突出作品中景物的主次关系，并且给画面带来色彩上的视觉冲击。

需要注意的事项：现实中的色彩对比关系有很多种，包括冷暖对比、色相对比、饱和度对比或是明度对比。

用鱼眼镜头可以展现出建筑的雄伟，画面很有视觉冲击力。与此同时，墙面的暖色调与屋顶的冷色调形成色彩对比关系，增加了画面的吸引力

蓝色的天空和红色的古建筑形成色彩对比关系，呈现出非常明快的感觉

黄色的花朵与绿色的背景形成色彩对比关系，使主体显得格外突出

在微距镜头下，黄色的花蕊与红色的花瓣形成色彩对比关系，很有视觉感染力。另外，这种色彩搭配让我想起了西红柿炒蛋、薯条配番茄酱，总感觉很和谐，给人带来愉悦的感觉

3.14.5 远近对比

远近对比是一种最常见的对比关系。以拍摄者为中心，距离手机镜头远近不同的物体，就会形成一种远近对比的关系，通过这种远近对比进行构图拍摄，也可以达到突出主体的目的。

远近对比的作用：可以起到突出主体，增加画面空间感的作用。物体间的不同位置，还会因为近大远小产生有趣的错位效果。

需要注意的事项：需要保持一个较大的景深效果，并且要保证画面主体焦点的清晰，不要错将焦点放到其他陪体景物上，以免造成主体模糊。

通过大小对比可以看出，中间的大黄鸭比鸭子形状的船还要大很多

让身边的朋友出镜，摆出用手托着大黄鸭的姿势，调整手机拍摄角度，利用近大远小的原理，形成这种有趣的错位效果

这两朵小花组合在一起，形成一个有趣的问号图形，但其实它们并不在同一水平位置，上面的花朵离镜头更近一些，受近大远小的规律形成了这种效果

东方明珠塔中间的球形建筑要比人大很多倍，但利用近大远小的效果，让人物摆出要吃掉东方明珠塔的姿势，这种错位视觉非常有趣

第 4 章　手机摄影用光技巧

对于摄影创作来说，只掌握构图知识还不够，想要进一步提升拍摄技术，还要掌握摄影中的用光技巧。光，对于摄影创作来说非常重要，没有光，摄影也就无从谈起，光线可以展现出主体的色彩、细节、结构等信息，还可以左右画面的气氛，在取景拍摄时，加入光线的运用，会对原有的画面进行升华。下面，我将为大家详细介绍一下摄影创作时会涉及到的用光知识。

4.1　拍摄曝光准确的照片

对于准确曝光，我觉得并没有一个硬性的衡量标准。在受光不均的环境中，手机很难保证所有物体都得到准确曝光，其实只要照片里的亮部区域不要过曝，暗部不要死黑，就可以算曝光准确了。作为一名摄影师，我们追求的是最佳的曝光表现，而不是追求技术上的曝光准确，有时为了得到一些特殊效果，甚至可以牺牲一些细节，最终片子感觉舒服，自己喜欢就好。

对于曝光来说，曝光的三要素是我们务必掌握的，即光圈、快门、感光度。

光圈与感光度不变，快门速度越快，进光量越少，照片越暗；反之，快门速度越慢，进光量越多，照片越亮。

快门与感光度不变，光圈越小，进光量越少，照片越暗；反之，光圈越大，进光量越多，照片越亮。

光圈与快门速度不变，降低感光度值，画面会变暗；提高感光度值，画面会变亮。

这是一张曝光准确的照片，场景中有高光区域也有阴影区域，但表现得都中规中矩，没有出现过曝或者欠曝的现象

用手机拍摄闪电，听起来就是件很酷的事情。我用手机的M挡，对快门速度进行了调整，设置为8秒长时间曝光，这样闪电的轨迹便被拍摄下来。由于夜晚的光线很弱，不会因为长时间曝光而产生过曝现象。需要注意的是，拍摄时要降低感光度，并配合三脚架、快门线来保持手机稳定

4.2 拍摄高调效果的照片

高调影像给人的第一感觉就是很明亮，画面中没有明显的亮暗反差，大部分都是由浅色调构成的，如果有深色调也只会占据画面很小部分。一般用来表现女性、儿童、花卉、雪景、清晨等题材。

高调影像的特点：画面的绝大部分都是由白色或是浅灰色影调构成，可以给欣赏者带来明朗、纯洁、轻松、欢快之感。

需要注意的事项：要保证画面受光均匀，可以选择顺光或是散射光拍摄，避免产生较大光比。另外，注意拍摄背景，可以选择亮色系的背景，比如白色或是灰色的墙壁、地面、桌布等。最后，为了增加高调影像效果，可以适当提高手机的曝光补偿。

雪白的世界，是冬天最有魅力的时候，世间万物都披上白色的外衣，此时也是拍摄高调影像的好机会。但由于白色占据大部分画面，需要适当提高曝光补偿，才能让雪显得更为洁白

这两张照片分别为低调影像（左）和高调影像（右），通过对比，可以看出高调影像给人的感觉更加轻松、明快

▶ 小贴士：

拍摄以大面积白色为主的画面，要遵循白加黑减的原则，适当增加手机的曝光补偿，让白色展现得更加明亮、洁白

4.3 拍摄低调效果的照片

低调影像给人的第一感觉就是黑暗，这与高调影像恰恰相反。拍摄低调影像对光线环境有一定要求，环境中的光线不能太充足，光比要大，并且还要有小面积的亮色调作为视觉兴奋点，这样的画面会更有气氛，可以抓住人们的欣赏欲望。

低调影像的特点：画面的绝大部分都是由黑色影调占据，白色影调会占很小的面积，整体给人深沉、神秘的画面感。

需要注意的事项：首先，选择一个光线较弱，光比较大的环境拍摄。此外，可以利用少量的亮色影调作为视觉兴奋点，增加画面的吸引力。最后，为了增加低调影像的效果，还可以适当减少手机的曝光补偿。

人眼中的光线环境

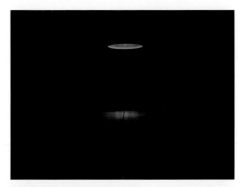

对环境中的亮部区域进行测光，并适当减少曝光补偿，得到低调影像的效果

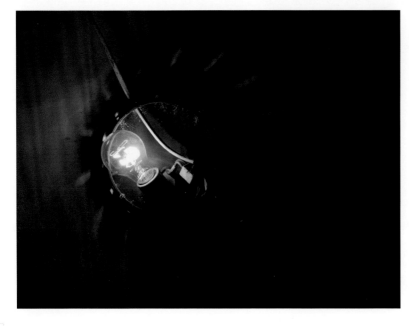

这是我们常见的灯泡，拍摄时，对灯泡进行测光，以压暗画面，并适当降低曝光补偿，得到低调影像效果，赋予普通的场景一种神秘感

4.4 用好手机的 HDR 功能

HDR也称为高动态范围图像，在手机拍摄功能中很普及，同时也非常实用。在亮暗反差较大的环境中，如果对暗部测光拍摄，亮部会产生过曝现象，如果对亮部测光拍摄，暗部会出现欠曝现象，这种过曝或欠曝会丢失画面细节，而开启HDR模式后，手机会对画面拍摄三张照片，分别为欠曝、正常曝光、过曝，并自动合成为一张照片，这样场景中的暗部细节与亮部细节就都能得到了体现。

需要注意的事项：在HDR模式下，手机是拍摄三张照片，为此，手机和主体都要保持稳定，如果只是手机保持稳定，而主体在移动，画面会出现重影现象。另外，如无需要，要关闭HDR，因为受光均匀的拍摄环境，并不需要HDR功能，而想拍摄大光比效果来展现画面意境时，开启HDR就显得弄巧成拙了。

在大光比环境中，对亮部区域测光拍摄，暗部区域会因为欠曝而丢失细节

对暗部区域测光拍摄，亮部区域会因为过曝而丢失细节

开启手机中的HDR功能，手机会拍摄三张不同曝光的照片，并自动合成为一张，这样可以兼顾场景中的暗部区域和亮部区域，使画面细节都得到呈现

4.5　了解不同性质光线的特点

在摄影创作中，光线对画面效果的影响非常重要，为了更好地进行拍摄创作，就要了解不同性质的光线，也就是直射光和散射光。

散射光示意图

4.5.1　散射光

光线在沿直线传播过程中，经过漫反射和漫透射后产生的光叫散射光。这种光线环境也是我们日常生活中常会见到的，比如在晴天里，太阳光线是直射光，当一些云彩挡住了太阳，使阳光透过云层时发生了散射，便成为了散射光。另外，阴天时的光线，或是水面、地面、玻璃等反射的光线都属于散射光。

散射光的特点：散射光没有明显的方向性，照射在物体上不能产生明显的受光面和影子。另外，散射光的光线非常柔和，因此也称为柔光。

在散射光环境下，景物不会产生明显的阴影效果，会带来柔和的画面感

阴天环境下的海滨城市，光线非常柔和，画面展现出一种宁静、安逸、舒适之感

4.5.2　直射光

　　光线在沿直线传播过程中，没有经过遮挡，而是直接照射在主体上就是直射光。直射光的环境也很常见，天气晴朗时的太阳光就是直射光，当阳光照射在主体上，会使主体受光的一面照亮，而背光区域出现阴影，形成一种大光比效果。

　　直射光的特点：直射光又称为硬光，具有很强的方向性，能使照射对象产生明显的投影和明暗效果。

在直射光环境下，手的影子被投射在桌面上，摆出去捏钥匙链的造型，形成的画面很有趣味性

直射光示意图

深秋的落叶已经千疮百孔，在直射光的照射下形成明显的影子，而影子的形态与落叶的实体相结合，呈现出的画面很有艺术感

4.6 了解不同方向光线的特点

摄影师的拍摄方向和光线照射的方向发生改变，会产生很多光位环境，包括顺光、侧光、逆光等光位，它们都具有各自的特点。

4.6.1 顺光

顺光也叫作"正面光"，是指光线的投射方向和拍摄方向相同的光线，也是最常使用的光位环境。

顺光的特点：可以将主体面向镜头的一面充分照亮，善于展现主体的色彩。

需要注意的事项：由于场景受光会比较均匀，主体不会有明显的明暗变化，容易造成画面缺乏空间感，显得有些平淡。为了避免这种平淡，可以将吸引力很强的景物作为主体，或者选择色彩艳丽的景物作为主体，也可以为画面添加前景避免平淡。

顺光示意图

为了避免顺光拍摄的平淡，可以将郁金香花丛安排在画面的前景位置，以增强空间层次感

在顺光环境下拍摄建筑与蓝天构成的画面，建筑拥有的线条元素增加了画面的空间纵深效果，避免了顺光的平淡

4.6.2　侧光

　　侧光是指光源从主体的左侧或右侧射来的光线，主要用于表现画面的空间感，比如拍摄建筑时，在侧光环境下，建筑的阴影会增加画面空间感，并带有硬朗、坚固的画面感受。

　　侧光的特点：主体会产生明显的阴影区域，这种阴影区域与受光区域结合在一起，会显得层次分明，立体感很强。同时，产生的亮暗效果会增加画面气氛。

　　需要注意的事项：侧光会产生较大的光比效果，要根据想要的效果，正确选择测光区域，一般情况是放在明亮区域进行测光拍摄。

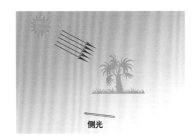

侧光示意图

利用侧光拍摄狗狗，可以将狗狗的影子也构建在画面中，画面显得更加立体、生动。同时，只有狗狗被照亮，其余周边环境都处在阴影中，形成的这种明暗对比效果增加了画面的气氛，使平凡的画面变得不平凡

4.6.3 逆光

逆光是指光源从主体背后照射过来的光线。在逆光环境下，主体面对镜头的一面几乎背光，很容易出现曝光不足的情况，为此，在一般情况下要尽量避免逆光拍摄。

不过凡事都不是绝对的，逆光拍摄也有吸引人的地方，如果你掌握了逆光的拍摄技巧，也可以拍摄出精彩的画面，下面就为大家介绍在逆光环境下如何拍摄。

1. 拍摄剪影。剪影是非常独特的画面效果，拍摄时对光源区域进行测光，将主体压暗成黑色剪影状态，使其轮廓信息可以得到突出体现，画面也很有艺术气息。

2. 对主体补光拍摄。想要在逆光环境下展现出主体的色彩、结构等信息，可以开启闪光灯进行补光拍摄，或是利用身边的白色衣服、A4纸等充当反光板对主体进行补光。

3. 拍摄一些半透明的主体。利用逆光可以将冰块、花瓣、昆虫的翅膀等半透明物体打透，并将其内部纹理和结构很好地展现出来。

顺光示意图

一叶知秋，给画面带来一丝暖意。逆光环境下，叶子呈现出半透明的效果，叶脉等纹理也得到清晰表现

寒冷的冬天，湖面已经结冰，在逆光环境下拍摄小冰块，将其展现出半透明的效果，黄昏的迷人色彩透过小冰块也可以展现出来，营造出一种温暖的气氛

在逆光环境下，过街天桥形成黑色的剪影效果，利用天桥形成的对角线进行构图，画面更有视觉表现力

在逆光环境下，两只巨大的恐龙模型以剪影效果展现出来，其形态得到了突出体现。另外，由于拍摄角度的原因，它们像是在窃窃私语，十分生动

逆光下的古城，以剪影形态展现出来，赋予画面一种浓浓的中国风气氛，很有意境

4.7 了解色温的概念

相信很多人都发现了这样的规律，在一天中的不同时间段拍摄同一处风景，得到的画面会因为拍摄时间的不同，而产生不同的颜色变化，这主要是因为在不同时间，场景中的色温也有所不同导致的。

色温是度量颜色温度的标准，其单位是K(开尔文)。为了大家更好地理解色温，这里我给大家补充一个物理知识。假设一个铁匠在漆黑的房间里打铁，随着铁块温度的升高，其呈现出的颜色也会发生变化，开始为暗红色，之后会呈现出橙黄色，慢慢呈现出蓝白色。温度越高，其呈现出的色彩越偏向冷色。这就好比黄昏时，天空呈现出暖色调；到了傍晚，天空呈现出冷色调，色温也随之升高了。

下午的太阳被云层遮挡住，天空与湖水形成偏蓝的冷色调，此时的色温较高，有7000-8000K

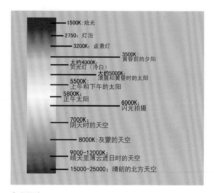

色温图

1500K: 烛光
2750: 灯泡
3200K: 卤素灯
3500K: 黄昏前的夕阳
大约4000K
荧光灯(冷白)
大约5000K: 清晨和黄昏时的太阳
5500K: 上午和下午的太阳
5800K: 正午太阳
6000K: 闪光拍摄
7000K: 阴天时的天空
8000K: 灰蒙的天空
9000~12000K: 晴天里薄云遮日时的天空
15000~25000: 晴朗的北方天空

清晨时分，太阳离地平线位置很近，此时的色温较低，天空呈现出艳丽的火烧云，给人很暖的感觉

需要注意的事项：通过调整色温，可以改变画面气氛，但要注意进行合理的调整，错误使用色温，会破坏画面拥有的美感，照片也会显得很不自然。右图是我拍摄的一些关于色温的对比图，大家可以感受一下。

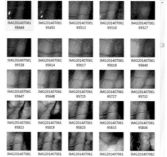

不同色温下的画面效果

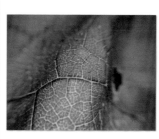

用微距镜头拍摄的叶子

以下两张照片为错误调整色温的示范。

在手机自动白平衡下得到的真实色温效果，可以看出田里的小麦已经黄了，能够展现出是丰收的季节

但在调整色温时，选择提高色温，让画面呈现出偏蓝的冷色调，这是一种错误的调整，画面显得很不自然

以下两张照片为正确调整色温的示范。

原片中，画面气氛不是很强烈

为了追求特殊效果，增强画面气氛，可以适当调整色温，使画面呈现出偏蓝的冷色调，比原片更震撼

4.8 充分利用清晨和傍晚时分的光线拍摄

随着太阳东升西落，一天中会有不同的光线变化，清晨和傍晚的光线变化丰富，是最佳的拍摄时间。这两个时段的太阳角度都很低，照射出的光线很柔和，可以给画面带来温润、柔美的光照效果，并且无论是在逆光还是顺光下拍摄，得到的效果都很不错。

这两个时段拍摄的特点：天空和云层的色彩变化非常丰富，在清晨日出前和傍晚日落后，呈现的是以蓝色和冷色调为主的画面，而当清晨日出后和傍晚日落前，则呈现出偏暖色调，空中的云彩也会呈现出黄色、橙色、红色等暖色系色彩。另外，这两个时段的光线很柔和，我们甚至可以用肉眼直视太阳，此时用手机对太阳直拍，也不会伤害到手机的感光元件。

以下照片，是为大家展现清晨和傍晚光线变化的速度，以及丰富的色彩表现。

这张照片展现得是太阳下山时的黄金时间，是在19:18分拍摄的

这张照片展现得是太阳下山后的蓝调时间，是在19:35分拍摄的。可以看到在这么短的时间内，光线变化得很快

在山顶拍摄日出，是风光摄影的必经之路，太阳从地平线升起的一刹那，是大自然赋予我们的视觉盛宴，天空的云彩展现出绚丽的色彩，给人温暖的感觉

　　需要注意的事项：清晨和傍晚时段的光线变化很快，为此，需要我们提前到达拍摄场地。另外，由于清晨和傍晚都有冷暖色调的转换，色温也会发生明显变化，要准确控制好画面的色温。最后，为了保持画面的清晰，要保证手机拍摄时的稳定，可以将手机安装在三脚架上。

拍摄迷人的日出，我们需要提前踩好点，带好设备提前到达拍摄现场，这样才不会错过精彩的瞬间

拍摄灯火通明的古典建筑，由于拍摄时间较晚，天空已成纯黑色，给画面带来一种死寂、沉闷的感受

▶ 小贴士：
拍摄夜景照片时，并不是夜色全黑下来才是最佳拍摄时间，而是在华灯初上，太阳刚下山不久就去拍摄，此时的天空还会呈现出迷人的深蓝色，画面不会显得沉闷。

在傍晚的蓝光时间拍摄，天空呈现出迷人的蓝色，而环境中的光线十分微弱，将手机快门调慢，可以拍摄出迷人的车轨效果

利用剪影拍摄古香古色的建筑，配合淡粉色的天空，展现出一种唯美、浪漫的画面效果

草原上的篝火发出暖色调的光线，与深蓝的天空形成鲜明的冷暖对比效果，这种对比增加了画面的欣赏性

4.9　夜晚弱光环境下的解决方案

很多人都认为夜晚不适合用手机拍摄，觉得用手机在夜晚拍摄的画质不好，而黑漆漆的夜晚也找不到可拍的美景。其实我认为夜晚也有很多可以拍摄的题材，并且弱光环境下的照片会具有独特的魅力，这种魅力是白天给不了的，就像天空中的烟花，只有在夜间燃放，我们才能感受到它们的绚丽。

夜晚拍摄的最大问题，就是光线不充足，快门过慢，容易导致画面模糊，那么想要保持画面清晰，可以参考下面几个方法。

1. 倚靠固定物体。可以倚靠周围的柱子、墙体等固定物体，以保持我们身体的稳定。另外要注意用双手持机拍摄，在按下快门时，调整好呼吸。

2. 将手机安装在三脚架上拍摄。可以把手机固定在三脚架上，给手机更稳定的拍摄环境

3. 主体也要保持稳定。除了拍摄像追随摄影这种特殊的效果时，主体也要保证稳定。否则，主体会呈现模糊形态。

4. 注意测光。由于主体和周围环境的亮暗反差会比较大，要根据画面效果合理安排测光点的位置。

在夜晚弱光环境下，对湖畔大学的牌匾进行测光拍摄，周围景物被压暗，形成的明暗对比增加了画面的气氛，并带有一种神秘的色彩

在夜晚弱光环境下，将手机架在三脚架上，并对准中间的游乐设施拍摄，由于快门速度较慢，画面中运动的物体呈虚化状态，这种虚化增加了画面的动感

4.9.1　教你拍摄烟花

烟花是很好的夜景题材，但由于拍摄环境是在光线微弱的黑夜，且烟花是以动态呈现的，因此拍摄起来有一些难度。怎样才能用手机拍好烟花呢？下面我就给大家讲一讲。

1. 一定要提前踩好点。如果是大型的燃放烟花活动，都会有提前公示，所以我们要提前查看燃放场地，并找到拍摄的最佳位置。

2. 带好拍摄装备。三脚架、快门线是必不可少的。另外，还要给手机充满电，可以带上充电宝，有备无患。

3. 对手机进行设置。首先要做的就是关闭闪光灯和HDR模式，然后把快门速度调整到2~3秒的慢门。如果手机没有快门设置功能，可以下载可控制快门的第三方拍照软件。

4. 注意画面的构图。拍摄烟花，地面景物一般都呈黑色剪影效果，但也要避免杂乱的景物进入画面，以免对烟花的展现有所干扰。

5. 抓住好的拍摄时机。最美的烟花照，是烟花刚刚盛开的那一刻，所以我们要把握好拍摄的瞬间。

将烟花盛开的瞬间抓拍下来，在构图上，前景位置是欣赏烟花的人们，中景位置是烟花主体，背景是明亮的城堡建筑以及蓝色的天空，画面很有层次感

拍摄大型的烟花燃放活动，在距离较远的地方拍摄，可以将完整的烟花以大场景展现出来，画面气氛很热烈

4.9.2　教你拍摄光绘

在夜晚的弱光环境里，除了可以拍摄烟花，我们还可以拍摄光绘，下面我就给大家介绍一下拍摄方法。

1. 寻找合适的场地。最好是无杂光、比较空旷的场地。

2. 带好拍摄装备。同拍摄烟花相似，三脚架、快门线是必不可少的，手机电量保持充足。另外，要带上用来画光绘图案的工具，可以是手电、手机、荧光棒等。

3. 提前设计要绘画的内容。可以是数字、也可以是英文字母，按自己的想法设计。

4. 想好拍摄流程。拍摄前，设计好拍摄的流程，注意用手盖住绘画的工具，因为手机会记录发光体的轨迹。

为手机安装三脚架、耳机线，并配上广角镜头，以得到更广的视野

按照自己的想法，画出光绘的图案，可以是单人，也可以是多人合作

设置好手机的快门速度，在弱光环境下，可以将钢丝棉燃烧的轨迹拍摄下来，呈现出这种绚丽的画面效果

夜晚除了拍摄烟花和光绘，其实还有很多种"玩"法。下面这一组照片，给人的第一感觉犹如大片一样，很有艺术美感，但其实这只是施工围挡的小灯。我把手机设置为手动挡，并且降低了感光度，利用长时间曝光，对手机进行随意的晃动拍摄，得到这种颇有科技感的照片。

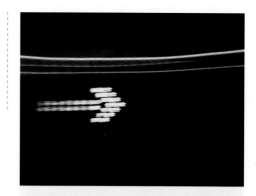

施工围挡的小灯

4.10 善于发现场景中的光影效果

在进行摄影创作中，光影效果也是非常不错的拍摄题材，光与影形成的明暗对比，影与实物形成的虚实对比，都为画面添加了特有的魅力。拍摄以光影效果为主的画面，主要可分为两种情况。

1. 影子配合实物主体拍摄

这种搭配是最常用的，利用影子有趣的形态与实体景物结合进行拍摄，增加画面的趣味感。

2. 将影子单独作为主体拍摄

以单独的影子作为主体拍摄，可以让我们看到影子后联想出影子本身的样子。就像开放式构图一样，可以增加欣赏者的想象空间。但要注意选择一个干净简洁的背景，避免其他景物影响到影子的展现。

一只可爱的猫咪坐在地上，好像在闭目养神。此时，我用影子摆出一个持枪的姿势，画面效果生动有趣

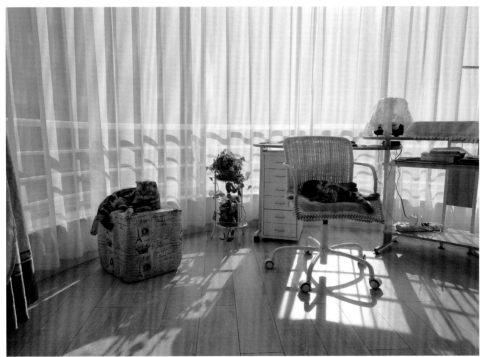

这张照片的主角同样是猫咪。两只猫咪躺在不同的座位上，阳光透过窗子照进屋里，把景物的影子投射在地上，整幅画面给人一种温暖、舒适、安逸的感觉

电风扇的实物与其投射在墙壁上的影子形成一种真实与虚拟的关系，让画面充满趣味性

通过改变拍摄角度，把真实的电风扇去掉，把我自己的影子和电风扇的影子构建在画面中，形成了很有趣味性的画面。另外，墙壁和影子拥有的线条元素也增加了画面的空间纵深效果

第 5 章

旅行拍摄技巧

　　外出旅拍，手机是非常适合的拍照设备。在手机拍照功能还没有这么强大的年代，想要外出旅拍还需要带上一台相机，如果是单反相机，体积大、分量重，多少都会影响我们外出旅行的体验。而现如今，带上一部手机即可走天涯、拍天下。

　　拍摄旅行题材，主题内容比较综合一些，我们遇到的风景、看到的人、吃到的美食、赏到的花、望到的星空都可以成为旅行摄影的主角。下面我就带领大家来学习一下旅行摄影的拍摄。

5.1 如何拍好旅行中的风光

5.1.1 发现大场景中的小景观

我们拍摄风光照片，不只是拍摄大场景，还可以留意其中的一些小景致。比如浩瀚草原上一朵默默无闻的小花儿、蜿蜒的小溪中随波逐流的一片树叶、清晨朝阳照耀下晶莹剔透的小露珠等。将这些随手拍摄下来，都会是一幅很有美感的照片。只要你用心观察，大自然中处处都会有惊喜！

最大化利用风景中的光线，可以更好地制造氛围和神秘感

5.1.2 发现并利用好场景中的光线

光线是作品的灵魂，这一点同样适用于风光摄影，寻找场景中独特的光线、光影来完成拍摄，会让风光作品更有意境。

5.1.3 利用构图

跟其他拍摄题材一样，构图在风光摄影中也是非常重要的，好的构图会让风光照片更具美感。初学者在拍摄时，可以借助一些手机APP来辅助构图，比如"印象"APP就很好用。

风景照不等于纯风景，有时候一片小叶子会让画面更有活力

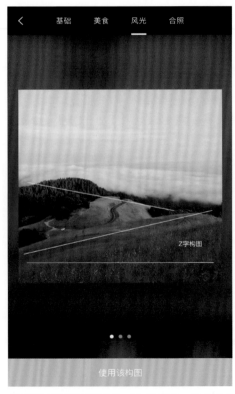

构图是风光摄影中的重点，也可以借助一些APP来参考，比如"印象"APP

5.1.4　利用手机特殊功能（时光相机）拍摄出动感的风景照

有些手机自带各种丰富有趣的拍照功能，比如努比亚手机中就有一个【时光相机】的模式，能够直接将场景拍摄出一种动感模糊的独特效果。

利用努比亚手机的【时光相机】功能拍摄的动感风景照。画面中人物是实的，周围的风景呈现出一种动感的虚化状态，画面很新颖有趣

5.1.5　改变视觉，得到不一样的风景

很多人在观看我的作品时，会感觉很惊讶：照片拍摄的就是那个地方吗？怎么跟我现场看见的不一样？其实我只不过选择了一个跟常规不一样的角度而已。

拍摄风光照片之前，我们需要先观察现场环境，调整手机的位置和角度，找出最佳的拍摄视角。有时候，同样的场景，采用不同的角度拍摄，会得到完全不一样的画面效果。

低角度，并将手机贴近水洼拍摄，小小的一个水洼似乎跟湖水连成了一个整体

雨后地上形成了一个水洼，直接拍摄，或者说我们人眼观察到的是这样的效果

有了人的加入，风景显得更有情趣

原片。这是一张大场景的手机作品，画面中有建筑、树、汽车，元素众多，是一个中规中矩的场景记录

5.1.6 利用后期将风景修出情绪来

我们拍摄风光照片，如果仅仅是记录美景，再美的画面，也只会让观者一览而过，难以让人驻足细看。其实我们可以通过后期技术，将拍摄者想表达的情绪加入到作品中，寓情于景、借景抒情，让原本具体、直观的景象更具艺术效果。

后期创作有很多种方法，后期软件只是一个工具，具体如何使用这个工具，还需要创作者有好的想法和创意才行。

处理后（处理过程详见本书后期章节）。处理后的画面，将红色的汽车色彩保留，其余场景变成黑白，并且大胆裁切，将红色的小汽车放置在黄金分割点上，画面显得紧凑，重点也更突出

5.2 如何拍好旅行中的花

在旅行途中，因为地域的不同，我们会遇到不同品种的花卉，这些花卉也是旅行中值得拍摄的美景。

5.2.1 花卉主体的选择

拍摄花卉照片时，我们可以只拍摄单支花卉，让画面中只有一个主体。或是拍摄多支花卉，让画面有多个主体。还可以拍摄成片的花海，具体拍摄的数量，需根据实际情况而定。

1.拍摄单支花卉

如果想展现花卉精美的花形、色彩等细节，可以拍摄单支花卉。而想要进一步展现单支花卉，还可以利用特写的角度拍摄花卉的局部区域。

拍摄盛开的紫叶李，选择多支拍摄，可以展现出花儿繁茂的景象，但无法突出展现花形、色彩等细节

将单支盛开的珍珠梅当作主体，可以突出展现它的花形、花色等特点

虽然画面中有多枝向日葵，但大多数都是背景中的陪体，将一枝向日葵作为主体进行拍摄，可以很好地将其特点展现出来

利用特写角度拍摄向日葵，使其细节特征得到更进一步的展现

将单支盛开的芍药花作为主体，可以将其花形、色彩很好地展现出来。同时，花卉主体与背景形成了鲜明的色彩对比关系，增加了画面的视觉冲击感

2. 拍摄多枝花卉

在取景拍摄时，除了可以把单枝花卉当作主体，还可以把多枝花卉当作主体，但前提是要保证画面的干净整洁，没有其他杂乱的事物影响画面。

另外，在取景构图时，要保持画面的协调性，可以利用多点式构图进行拍摄，这样可以将花卉多而不乱地展现在画面中。

拍摄霸王鞭时，将它们均衡地构建在画面中，给画面带来一种和谐的美感

利用多点构图的方式拍摄花卉，画面得到一种均衡的美感。同时，柳絮铺满了地面，成为花卉的背景，很有美感，是一种意外的收获

在取景构图时，将盛开的花卉均匀地分布在画面下三分线的位置，花卉的背景为满墙的爬山虎，画面整体显得整洁、雅致

3. 拍摄成片的花海

如果遇到的是成片的花海，那么此时如果不用大场景来展现就是一种资源浪费。大场景可以展现出花卉繁茂的景象，给人带来舒心宽广的视觉感受。但需要注意的是，由于是大场景画面，经常会有地平线的出现，为此在构图时需要保持地平线的水平。

拍摄成片的油菜花，将地平线安排在画面上三分之一的位置上，让油菜花占据更多的画面，给人一种繁茂、热闹的画面感

同样是拍摄成片的油菜花，将地平线安排在画面下三分之一的位置上，让花丛、建筑、天空各占画面三分之一的区域，画面显出一种自然、均衡之美，白墙灰瓦的徽派建筑出现在花丛中，展现出一种幽静、自然的和谐之美

4. 景深范围不一样的效果

另外，将单支花卉当作主体，或者是拍摄成片的花卉景象，会给画面带来不同的景深效果。

拍摄单支花卉，需要突出主体，所以需要浅景深效果，可以用手机靠近花卉拍摄，此时背景离我们越远，得到的虚化效果越明显。而拍摄多支或是成片的花卉，需要展现的花卉较多，为此需要有大景深的画面效果。

拍摄多支花卉时，需要有较大的景深，以保证花卉主体都得到清晰表现

拍摄单支花卉时，需保证主体得到突出体现，所以要使用浅景深效果

另外，在拍摄花卉时，想要得到更为明显的浅景深效果，可以开启手机的人像模式拍摄。

正常模式得到的景深效果

开启人像模式后，得到的浅景深效果

5.2.2 有无昆虫比较

如果想增加花卉照片的吸引力，让花卉照片与众不同，可以找一些有昆虫的花卉作为主体拍摄，昆虫会起到画龙点睛的作用。

需要注意的是，拍摄前要把手机快门声关闭，并小心翼翼地拍摄，避免惊扰到它们。

没有昆虫的花卉照片，虽然效果也不错，但会觉得缺点什么

把采蜜的蜜蜂也构建在画面中，使花卉照片与众不同，画面更为精彩

为手机安上微距镜头拍摄花卉，得到震撼的微距效果，花上的蜜蜂给画面带来了活力和情趣

5.2.3　背景的安排

拍摄花卉时，背景的选择十分重要，它会影响主体的突出以及画面的整体效果。以下是关于背景选择的一些相关的注意事项。

1. 变换拍摄角度改变背景

为了突出花卉主体，在背景的选择上要保持干净简洁，如果背景比较杂乱，我们可以利用变换拍摄角度的方式来改变背景，比如从平视拍摄改为仰视或者俯视拍摄。

利用平视角度拍摄盛开的油菜花，油菜花没有得到突出体现

通过改变拍摄角度，利用低角度仰视拍摄，把蓝天作为背景，可以使油菜花得到突出体现

利用平视角度拍摄蒲儿根，由于背景比较杂乱，影响到了花儿的表现

通过改变拍摄角度，利用俯视角度拍摄，可以使主体显得更加突出，视觉效果也较为新颖

2. 注意背景颜色的搭配

在拍摄花卉的过程中，除了注意拍摄角度的调整，还要注意背景颜色与主体的搭配。这其中，拥有与主体形成色彩对比关系或是明暗对比关系的画面最值得拍摄，这两种对比关系可以起到增加画面气氛，让画面展现得更有文艺气息，以及突出主体的作用。

黄色花朵与绿色花径，同墙壁的颜色形成了色彩对比关系，主体得到突出体现，同时画面的视觉冲击感也很强烈

斜进画面的桃花，与背景中的古典建筑形成了色彩对比关系，桃花与古典建筑，形成一幅古香古色的画面，很有诗意

拍摄造型小巧精美的康松草，白色的花朵与黑色的背景形成了明暗对比关系，主体表现很突出，画面也很有意境

拍摄精美的苔苔植物，大面积的绿色背景让画面显得
简单干净，同时花卉主体与背景形成的色彩对比，也
让主体表现得很突出

红花檵木的花叶与花朵，也是一种色彩对比关系，
这种色彩对比让画面显得自然、生动，同时也增
添了画面的吸引力

罗布麻与背景同样形成了色彩对比关
系，主体能够得到突出体现，通过改变
色温，从而使画面展现出不同的感觉

5.2.4 微距镜头拍花

在使用手机拍摄花卉时，如果想轻松得到大片的效果，可以为手机安装微距镜头拍摄。在手机微距镜头下，花卉的局部细节会展现得非常清晰，整体效果也是我们平时用肉眼难以观察到的。

由于微距镜头的特殊性，需要在拍摄时注意以下几点。

1. 保持手机拍摄时的稳定：拍摄微距时，对手机的稳定性要求很高，要尽可能避免手部的抖动，或是把手机安装在三脚架上拍摄。

2. 保持花卉主体的稳定：在微距镜头下，如果花卉出现轻微的晃动，在手机屏幕中也会很明显，为此也要保证花卉的稳定。

3. 控制好手机镜头与花卉的距离：为手机安装上微距镜头后，如果镜头离花卉较近或是较远，则会出现对焦不准的模糊画面。可以通过手机屏幕实时查看对焦情况，等花卉的微距画面对焦清晰后，再按快门拍摄。

手机微距镜头下的花蕊

手机微距镜头下的假龙头花效果

手机微距镜头下的丛枝蓼

5.3 如何拍好旅行中的人物

在旅途中，无论是身边同行的人，还是遇到的一些游客，都可以成为被拍摄的对象。身边的朋友一般会被拍摄成人物纪念照；陌生的游客一般会因为构图的需要而被构建在画面中，具体要看实际拍摄情况而定。

5.3.1 景中有人与无人的比较

在拍摄时，有时我们会刻意避免让人物进入画面，追求的是一种简洁干净的美感。但有时，也会刻意安排一些人物出现在场景中，以增加画面的气氛，让画面更有意境。这种照片主要不是突出人物，而是突出画面的整体感觉。

微距镜头下，窗外的风景很壮观

在同样的场景里增加一人物主体，从画面整体来看，显得比之前更有气氛和故事性

旅行途中，在酒店也有可以进行拍摄。酒店中的光影效果很有气氛，此时让同行的人坐在有光影投射的位置里，画面更有感觉

拍摄山顶云雾缭绕的景色，将一些游客以剪影的形式构建在画面中，可以增加画面的意境

大家都在拍摄水面反射的倒影，而我把他们拍摄的情景捕捉了下来，也是一张很有意思的照片

望京SOHO算是北京的地标建筑，它拥有的线条美感很受摄影师喜爱，在夜晚把它绚丽的样子拍摄下来，也会是不错的作品，而这其中也有同行摄影师的剪影

5.3.2 利用人影进行构图拍摄

拍摄人物照片的时候，影子也是非常不错的拍摄题材。由于人影只能展现人物的部分信息，所以会给欣赏者带来更多的想象空间。另外，与那些千篇一律的合影相比，利用影子进行构图，会使画面显得不平淡，增加了画面的趣味性。只拍摄我们自己的影子，也不用求别人帮忙，自己就可以完成拍摄。

需要注意的是，影子一般会被打在地上或是墙上，这就要求背景干净整洁，并能与影子形成色彩对比，这样可以使影子更为突出。

人物的影子被投射在沙漠上，形成很有意思的画面效果，人物的轮廓包括所带设备的轮廓都得到了呈现

两个人的影子组成了一个"人"字，寓意很浓

5.3.3 注意画面的构图和曝光

拍摄旅行中的人物纪念照，对于构图来说比较灵活自如，按照前面介绍的构图知识搭配自己的想法就好。但有一点值得注意，要尽量避开游客较多的场景拍摄，因为有时只要一名陌生的游客进入画面，就会破坏掉画面的感觉，甚至是人物主体被其他游客抢戏，所以在拍摄时要多加注意。

另外，画面曝光也值得留意，如果是在逆光环境下拍摄，要格外注意测光点的选择，可以根据需要的画面效果进行曝光调整。

拍摄人物在海边的画面，可以将人物安排在黄金分割位置附近，让人物身着干净漂亮的衣服，望向远方，画面很有美感。同时，要避免有其他游客进入画面，以防破坏掉这种美感

拍摄人像纪念照，由于是在逆光环境下拍摄，手机对画面亮部区域进行了测光，导致人物成为了剪影效果，适当进行减光处理，剪影效果更为明显

我用vivo X20的逆光拍摄功能进行均衡曝光，可以看到人物主体的细节得以保留，画面显得更为亮丽

5.3.4 拍摄局部

拍摄人物身体的局部细节，也是一种非常不错的构图方法，无论是以人物为主，还是以遇见的景色为主，都可以尝试一下。

拍摄以人物为主的照片，可以将人物的眼睛、嘴唇、手等身体局部作为主体展示。而拍摄以风景为主的照片，可以把人物的脚、手臂等构建在画面中，这样可以增加画面的故事性和感情色彩。

拍摄大自然辽阔的美景，可以把自己的脚伸向镜头的远方，从而赋予画面故事性

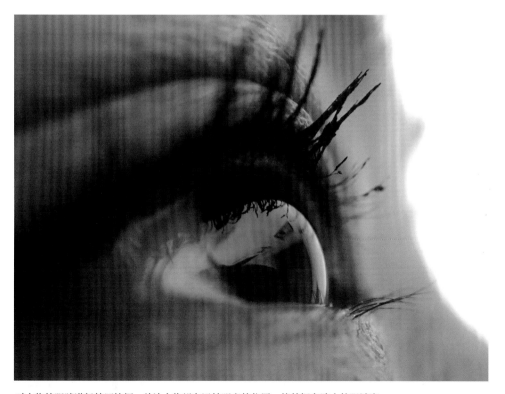

对人物的眼睛进行特写拍摄，并让人物望向远处明亮的位置，使其拥有迷人的眼神光

5.3.5 动静对比

在旅行途中，遇到光线不充足的环境，快门速度就会相对较慢，当有人物快速移动的时候，人物就会在手机中形成虚化的效果，这种虚化会呈现出人物移动的轨迹，与清晰静止的物体相比，就形成了动静对比的效果。如果把这种效果很好地运用在摄影创作中，会是很赞的手机摄影作品。

旅行途中，人们匆忙穿梭在进站口，由于室内光线并不充足，手机快门速度过慢，形成了这种动感十足的动静对比效果

一名武者在舞台上表演中国功夫，由于室内光线比较暗，我把手机快门速度放慢，记录下了武者移动的轨迹，将我们的中国功夫表现得更加动感、神秘

5.3.6 拍摄人物时的一些其他构图

拍摄旅途中的人物，除了以上的拍摄方式，其实还有很多种拍摄方法，也包括之前介绍过的各种基本构图法。但最终如何拍摄，还是因人而异，根据遇到的实际环境以及自己的想法，拍出属于自己的构图风格。下面，是我利用一些其他构图方式拍摄的照片，分享给大家。

从照片中可以看到冷与暖、人物的表情以及周围的冰雪环境展现出很冷的画面感，而人物身后的红色旗帜以及人物围着的黄色围巾，又给人带来温暖的感觉

在拍摄人物照片时，也可以让模特与场景中的照片海报进行结合

让人物站在门前，摆出很自然的动作，门前的石柱增加了画面的空间感，而人物的服饰搭配身边的环境，形成了很有代入感的画面

5.4　旅行中的创意摄影

在旅行途中，可能有些场景会显得十分普通，但我们通过一些拍摄技巧就能得到很有创意的画面效果，下面我就分享几种创意摄影案例给大家。

5.4.1　故事组

有很多场景，如果只用一张照片来表现，可能会觉得有些平淡，但如果用多张照片来表现，会赋予画面很强的故事性。

拍摄要点：选好拍摄地点，有耐心地拍摄，并保持构图、曝光一致。

透过假山洞，看到举旗的导游在进行讲解

透过假山洞，看到一名背书包的学生走过

透过假山洞，看到多名背书包的学生走过

5.4.2　雾玻璃作画

在有雾气的玻璃上作画，相信大家小的时候都玩过，而对于摄影创作来说，这也是很有创意效果的拍摄题材。

拍摄要点：要在夜晚拍摄，汽车尾灯和霓虹灯会虚化成光斑效果，衬托玻璃上的图案，画面更有气氛

浪漫的玻璃画效果

浪漫的玻璃画效果

5.4.3　刻意透光增加氛围

旅行途中，在酒店休息的时候，也有很多可以拍摄的题材，比如以下照片中的这两盆花。我选择逆光拍摄它们，用来增加画面气氛，并稍稍移动一下手机的位置，刻意地透光，使太阳在花

卉主体的边缘形成星芒效果，十分迷人。

拍摄重点：要对光线适中的区域进行测光，得到花卉清晰而背景又不过曝的效果。

逆光拍摄，没有透光现象，画面较平淡

逆光拍摄，通过透光产生星芒效果，画面很吸引人

拍摄餐桌上的装饰花，逆光的透光现象打造出气氛强烈的画面效果

5.4.4 光影增加意境和趣味性

在旅行途中,我们还要多留意遇到的光影效果,光影效果可以说是增加画面气氛的法宝,无论是光线照射物体形成的黑色影子,还是玻璃反射出的清晰影像,如果进行合理的拍摄,都能得到精彩有趣的画面效果。

没有光影的效果,画面略显平淡

由于太阳位置的变化,使之前的位置产生了光影效果,画面表现得很有气氛,禅意浓浓

华灯初上,城市的灯光都亮了起来,天空还保留着深蓝色,十分迷人。此时,玻璃上映出了室内的景色,好似在天空中映出的天上人间

5.5 手机拍摄星空

用手机拍摄星空，很多人也许都不敢想象，觉得这是只有用单反相机才能办到的事情。其实如今的手机，有很多种机型都具有拍摄星空和星轨的能力，关键在于拍摄方法的掌握。有很多拥有单反相机的人，如果没有掌握其中的技巧，也很难拍出炫丽的星空照。下面，我就把如何用手机拍摄星轨的方法分享给大家。

5.5.1 需要的装备

拍摄星空与拍摄其他题材有很大区别，并且也有一定的难度，在拍摄前有些装备是我们必须要准备的。

1. 三脚架。拍摄星空，属于长时间曝光的工作，为此一台稳固的手机三脚架是必备器材。

2. 快门线。为了保证手机的绝对稳定，需要用快门线控制快门。

3. 充电宝。拍摄星空是绝对耗电的题材，为此要注意手机的电量，可以配备一块充电宝。

> **小贴士：下载星图软件**
>
> 除了准备一些硬件设备，我们还可以在手机中下载一些关于星空宇宙的APP，其中有一款叫"星图"的软件功能很强大，我们可以利用它认知拍摄方位的星座，也可以查询某个天体所在星空的位置，尤其是寻找北极星，对于拍摄星轨很有帮助。

我手机中一些关于星空宇宙的APP，红圈标注的为"星图"软件

星图软件

5.5.2　拍摄环境和时间的选择

　　对于拍摄环境的选择，我建议还是到偏远光害少的地方拍摄，因为在城市的光污染环境下拍摄，星空效果会比较差。

　　对于拍摄时间，应该选在农历的每月月初或者月末拍摄，此时月亮会是小月牙状或者无月，这样可以减去月光对画面的影响。

城市光污染影响拍摄效果

此张星空照片的相关数据

这是我在偏远的郊外拍摄的星空照片，壮美的银河跨过天空，结合无数繁星，效果很震撼

5.5.3　拍摄要点

1. 提前构图。准备拍摄时，先选择好拍摄区域，提前做好构图工作。

2. 主要参数的设置。一般可进行长时间曝光的手机都有专业模式，我们在专业模式下将曝光时间设置为20～30s，感光度设置为100甚至更低。

3. 注意事项。控制好曝光并格外注意ISO的控制，ISO值过高，噪点会影响画面效果。另外，手机对焦点要放在无穷远的位置，可以带一支手电筒，对焦时将手电筒向天空照射，然后辅助手机进行对焦。

曝光时间过短，即使满天繁星，也只能得到漆黑的画面

ISO值过高，产生的噪点十分严重，此画面也过曝了

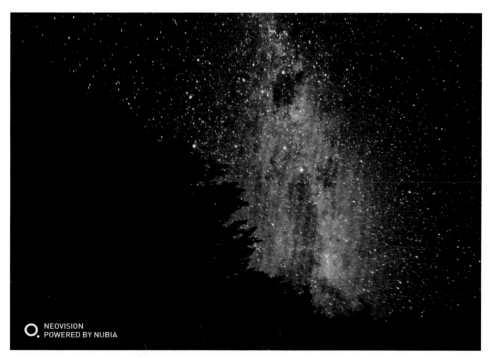

正确的曝光，得到壮美的星空效果。另外，在拍摄时进行提前构图，将一些树木作为画面前景，增加了画面的层次感与神秘感

拍摄星轨

拍摄星轨，也就是将星星在天空运动的轨迹拍摄下来。理论上我们应该用手机进行超长时间的曝光，但这种方法的拍摄效率很低，且手机也不适合单次过长时间的曝光，我们可以进行分解曝光拍摄，对天空按照固定的曝光时间拍摄多张照片，之后通过后期软件把照片合成在一起，便可以生成星轨照片。

另外，拍摄前需要找好北极星的位置，因为星轨生成的圆形都是围绕着北极星的。

▶ 小贴士：用手机星轨模式拍摄

有些手机自带星轨模式，从而降低了我们拍摄星轨的难度，比如我用的这台努比亚 Z17s，就有星轨模式，但其实它也是拍摄多张照片，然后合成星轨照的。

星轨拍摄其实在相机内也形成多张照片

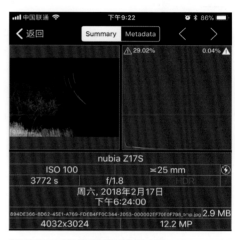

利用努比亚手机拍摄星轨的相关参数

利用努比亚手机特有的星轨功能拍出的星轨作品，是不是很震撼

第**6**章 儿童拍摄技巧

相信每一个有小孩的家庭都会有这样的经历，打开家长们的手机相册，几乎都会被孩子的照片刷屏。其实作为父母，能够参与孩子的成长过程是非常幸福的事情，我们用手机把孩子从小到大的成长经历拍摄下来，也变得更有意义。

想要拍好儿童摄影，需要从多方面入手，包括拍摄前的准备、如何与孩子互动拍摄、怎样构图等。下面我就为大家详细讲解一下。

6.1 摄影前的准备

拍摄以孩子为主的照片时，在表现手法上会与拍摄成年人有所差异，画面会主要表现孩子们天真无邪、活泼可爱的一面。

另外，孩子的体貌特征与心智尚未成熟，在拍摄前，还要做一些相应的准备工作。

让孩子与喜欢的玩具互动，既增加了画面的童趣，又调动起了孩子拍摄的兴致

下面，我就把拍摄孩子时需要做的准备工作分享给大家。

1. 考虑拍摄场地。室内拍摄，可以选择在家中、商场，或是室内游乐园等场景拍摄；室外拍摄，可以选择公园、游乐场、小区的健身场地等场景拍摄。

2. 准备一些漂亮的衣服。给孩子准备衣服时，新衣服固然是好，但没必要为了拍摄单独去买一趟，只要干净、得体、漂亮就可以了。

3. 熟悉孩子兴奋的时间。孩子与大人不同，他们有自己的作息时间，要选择孩子精神状态最佳的时间段拍摄。

漂亮的服装

魔法帽

喜欢的玩具

油纸伞

6.2　拍摄中如何互动

为了调动起孩子的拍摄状态，掌握如何与孩子进行互动变得尤为关键，根据我的拍摄经验，通过利用孩子喜欢玩的玩具、爱听的歌曲等与孩子进行互动，会得到事半功倍的效果。

6.2.1　音乐可以让他自嗨起来

动听的音乐不光属于我们大人，小孩子们也很喜欢听，尤其是那些节奏感很强，听起来非常

欢快的歌曲，会影响到孩子的情绪，如果是孩子喜欢的歌曲，还会跟着音乐舞动起来。

孩子跟着音乐跳动起来时，抓紧时机拍摄

用手机给孩子放他喜欢的音乐

6.2.2　孩子与玩具的互动

没有孩子是不喜欢玩具的，玩具比好吃的零食更有诱惑力，我们可以准备些新的玩具，或者孩子平时最喜欢的玩具，但不要让孩子提前知道

准备了这些玩具，在选好场景准备拍摄时，再拿出来给他们玩，然后迅速把他们玩玩具的过程拍摄下来，可以得到很多精彩的瞬间画面。

放大镜的放大效果引起了孩子的好奇，由此抓拍到了这张有趣的瞬间画面

孩子第一次看到给他的玩具，表现得十分专注

6.2.3 家长在旁边呼唤孩子

让家长与孩子进行互动也是拍摄时不可缺少的部分，家长可以根据想要的拍摄方位来呼唤孩子，用表情或者语言与他们互动，在互动过程中，他们彼此眼神间的交流是最精彩的拍摄点，拍的时候绝不能错过。

不成功的拍摄。家长和孩子没有眼神沟通，孩子的脸受到遮挡

成功的拍摄。让孩子的妈妈呼唤孩子，并与孩子产生眼神上的交流，画面十分温馨

6.2.4 用有声音的玩具吸引

除了以上的互动方式，还可以选一些带声音的玩具与孩子们进行互动，通过玩具有趣的声音引起孩子的注意，使他们能表现出最佳状态。

孩子正在埋头向滑梯上爬，此时用带声音的玩具吸引他，孩子自然而然地抬起头，露出了可爱的表情

孩子被玩具发出的声响所吸引，此时便是拍摄的最佳时机

6.3 儿童摄影常见构图和拍摄角度

儿童摄影中的构图和拍摄角度，有着独特的地方，更多时候是在展现孩子活泼可爱的一面，让画面充满童趣。下面，我就带领大家来了解一下，适合拍摄儿童题材的构图方法。

6.3.1 动静对比构图

利用动静对比的方式拍摄孩子，可以展现出他们活泼好动的一面。需要注意的是，拍摄动静对比的效果，对光照条件有所要求，最好是在阴天或者在室内等光线不充足的环境里拍摄，因为只有手机快门的速度变慢，才可以使运动的孩子呈虚化效果。

6.3.2 对角线构图

在拍摄场景中，如果有可以作为对角线的元素出现，我们可以利用它进行对角线构图，对角线构图既可以增加画面的空间感，又能呼应画面的感觉。

向上爬的孩子，由于速度比较缓慢，呈清晰状态。而两侧滑下来的孩子们，由于速度过快，呈模糊效果，这种动静对比让画面显得十分动感

同样是利用楼梯护栏进行对角线构图，在取景时，把孩子眼神方向的家长裁切在画面之外，可以增加画面的想象空间

这张照片属于对角线构图，但画面中有一个不足之处，如果孩子妈妈的手伸向孩子，感觉就会更好一些

6.3.3　利用仰视和俯视拍摄

在前面的内容中，我已经介绍过了拍摄角度对画面效果的影响。其中，仰视角度和俯视角度可以给画面带来有趣的畸变效果。我们可以利用这种效果拍摄儿童，让照片表现得更加有趣。比如，可以蹲下身子利用仰视角度拍摄孩子，得到大个子的效果；或是以较高的位置俯视拍摄孩子，把孩子拍成小矮人的效果。

带着孩子到地铁公园游玩，利用俯视角度拍摄孩子，得到可爱的小矮人效果

改变拍摄角度，利用仰视角度拍摄孩子，使孩子展现出大高个的效果

将照片改变为竖画幅，同样是利用俯视角度拍摄孩子，得到小矮人的效果。画面中的铁轨形成了汇聚线元素，增添了画面的空间纵深感

改变拍摄角度，利用仰视角度拍摄孩子，加上使用的是竖画幅，使孩子的身高更显高大

6.3.4 家庭合影的多种造型

为孩子拍摄照片时，可以让家长也融入其中，与孩子摆出各种姿势的合影。如果说单独拍摄孩子主要是表现孩子童真的一面，那么拍摄家庭合影，则侧重于表现一种亲情，一种爱。拍摄前，摄影师要发散思维，提前设计出一些家庭合影的姿势，也可以叫上家长们一起设计有趣的动作来拍摄。

让孩子站在最前面，孩子的爸爸妈妈站在其身后，并各自向左右摆出姿势，画面温馨、有趣

一家人摆出准备奔跑的动作，展现出欢乐的气氛

一家人摆出比较传统的合影姿势，拍摄这种照片的重点，是要让合影的人靠得近一些，显得亲密有爱

还可以拍摄一家人的手部特写，孩子的父母用手摆出心形图案，孩子把手放在心形位置上，寓意父母撑起孩子，画面十分有爱

同样是手指的照片，摆出相同的手部动作，并叠加在一起，画面很有爱

在商场里拍摄，可以让孩子站在父母中间，并让他们都看向孩子，自然地聊着天，画面十分温馨。另外，利用仰视角度拍摄，也使画面很有视觉表现力

6.3.5 利用框架结构

框架式构图也适用于儿童题材，但重点是选对衬托孩子们的框架元素。生活中常见的门窗、走廊、枝条都可以作为框架元素拍摄。而在孩子们喜欢的游乐场里，会有更多适合框架构图的场景，把孩子们安排在框架之中，既能突出他们，又能烘托画面气氛，增加画面的空间感。

这张照片是在游乐园里拍摄的，周围的围栏和孩子脚下的圆梯形成一种框架效果，孩子得到了突出体现，画面也很有空间层次感

把孩子安排在框架元素中，可以让他得到很好的表现。另外，在孩子脸上添加的卡通图案为三星手机自带的卡通拍照模式

6.3.6 其他的一些构图方式

在拍摄儿童题材时，除了以上介绍的构图方式外，其实还有很多适合拍摄儿童的构图法，这需要根据想要的画面效果以及拍摄时的环境而定。

居中构图是拍摄肖像的常用构图

想不出其他的构图法，就拍摄孩子的局部

观察拍摄场景，可以利用场景中的自行车涂鸦进行构图，让一家人摆出骑自行车的姿势，画面生动有趣

6.4　儿童摄影光源的利用

在进行儿童摄影时，我们还要考虑到场景中的光线环境。如果光照比较充足，可以直接拍摄；如果光照较差，就需要利用一些光源为孩子进行补光了，尤其是孩子脸部，如果脸部是欠曝的效果，对画面的影响很大。

6.4.1　借用白色物体起到反光板的作用

提到为孩子的脸部补光，很多人会想到反光板，的确，反光板可以反射周围的光线，但使用手机摄影的群体，大多数都没有反光板，那怎么办呢？其实方法非常简单，只要找一些白色的物体放在小模特面前，就能起到反光板的作用。

孩子的脸部没有得到补光的效果

让孩子把白色的玩偶放在面前，能够起到补光的效果，可以看到孩子的脸部得到提亮

6.4.2　补光灯对照片的影响

如果拍摄环境中的光线很差，也没有可借用的光源，我们不妨准备一台补光灯，为孩子进行补光拍摄。除了孩子的五官可以清晰呈现，孩子的表情和情绪也能表现出来。另外，与周围曝光不足的环境相比，补光后的主体也会表现得更突出。

未对孩子进行补光拍摄的效果，得到曝光不足的画面

利用补光灯对孩子进行补光拍摄

用补光灯对孩子进行补光后，孩子的脸部特征以及表情动作都能很好地表现出来

6.5 如何抓拍到最自然的镜头

对于拍照这件事，有些孩子很喜欢，会主动配合我们拍摄，有些孩子不喜欢，则会抵触我们拍摄。对于那些喜欢拍照的孩子们，如果长时间拍摄，他们的动作也会显得不自然。

其实，给孩子拍摄照片，能够抓拍到他们最自然的状态很重要，但抓拍也要掌握一些技巧，才能不错过精彩的瞬间，下面我就分享一些对孩子进行抓拍的技巧。

6.5.1 让孩子自由活动，对其进行连续拍摄

选择好孩子喜欢的地方，然后让孩子自由活动，进行奔跑或者跳跃等动作都可以，他们喜欢就好，我们要做的就是对他们进行连续拍摄，这期间不需要他们配合我们，甚至可以不告诉他们

在拍照，最后从众多照片中选出一些效果最佳的照片进行保留。

孩子从远处奔跑过来，此时对孩子进行连续的抓拍，然后在抓拍的照片里选出效果满意的照片

拍摄多张孩子自由活动的照片

拍摄孩子自由活动时，我们要将手机的闪光灯和快门声音关掉，以免这些因素干扰到孩子。另外，如果孩子玩得正开心，到处跑动，我们用常规的快门拍摄会显得力不从心，可以用手机的高速连拍功能进行拍摄，不错过任何精彩的瞬间，从而提高作品的成功率。

对跑动的孩子进行连续拍摄，从中选出效果满意的照片

对跑动的孩子进行连续拍摄，从中选出效果满意的照片

IMG_20180121_105040　IMG_20180121_105040_1　IMG_20180121_105041　IMG_20180121_105041_1　IMG_20180121_105041_2　IMG_20180121_105041_3　IMG_20180121_105101

IMG_20180121_105101_1　IMG_20180121_105102　IMG_20180121_105102_1　IMG_20180121_105103　IMG_20180121_105103_1　IMG_20180121_105104　IMG_20180121_105104_1

IMG_20180121_105104_2　IMG_20180121_105105　IMG_20180121_105105_1　IMG_20180121_105107　IMG_20180121_105107_1　IMG_20180121_105108　IMG_20180121_105108_1

IMG_20180121_105108_2　IMG_20180121_105129　IMG_20180121_105130　IMG_20180121_105131　IMG_20180121_105132　IMG_20180121_105133　IMG_20180121_105133_1

拍摄多张孩子自由活动的照片

让孩子自由发挥，家长只是用手机在身边记录

可以在与孩子玩耍中抓拍最自然的画面

6.5.2 让孩子拿着手机进行自拍

我们还可以把手机交给孩子，让他们自己对着镜头拍摄，可以让他们玩九连拍或者十二连拍的自拍游戏，或者让孩子坐在转椅上，边旋转边拍摄。总之，孩子会觉得手机拍照的权利来到了自己手里，上进心和好奇心会驱使他们认真拍摄，这样一来，既可以让他们感受到拍照的乐趣，又能够得到很多有趣的表情包照片。

让孩子拿着手机，在转椅上边旋转边自拍，背景完全被虚化，画面也表现得很动感

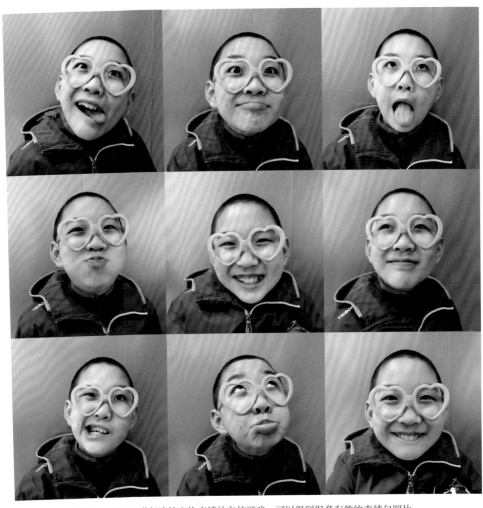

打开手机前置摄像头，让孩子进行连续变换表情的自拍游戏，可以得到很多有趣的表情包照片

6.6 儿童摄影后期思路

对于儿童照片的后期修图思路，除了需要进行的常规修图，比如调整曝光、对比度、饱和度、滤镜色彩等，还有一些后期处理是很适合儿童照片的，比如把照片制作成卡通效果、把照片背景换成充满童趣的场景等。下面我就来介绍一下。

6.6.1 抠图，更换背景

如今的后期软件，功能都非常强大，对于抠图这个功能已经不是什么难事，我们在APP Store里搜索"抠图"，会发现有很多专用于抠图的手机APP。通过抠图软件把孩子"抠取"出来，换上有童趣的背景，可以让孩子显得更加可爱。

原图效果

通过抠图软件，为孩子更换适合的背景

为孩子更换一张螺旋状的卡通图案，然后把孩子安排在中间位置，得到的画面效果很有童趣

6.6.2　为画面添加晕影效果

在对儿童照片进行后期修片时，"晕影"工具也是常会用到的，其产生的画面效果很受人们的喜欢。晕影效果可以突出主题，增强画面的气氛，产生的暗角也能把背景中一些杂乱的元素"隐藏"起来，使主体更显突出。

原图效果

通过后期软件中的"晕影"工具，为画面增加晕影效果，并适当提亮孩子的脸部亮度，使孩子得到突出体现，画面气氛也得到增强

6.6.3　为照片加些文字

照片拍摄完成后，还可以利用后期软件在照片中加入一些文字，文字字数不要太多，文字的内容要与画面的内容相呼应，这样可以给画面增加很强的故事性，同时也会增加些文艺气息，并且会帮助人们很轻松地体会到照片主题的寓意。

原图效果

这张照片拍摄于寒冷的冬天，添加文字后，可以让欣赏者很明朗地体会到照片的寓意，一家人的手在一起，心在一起，天气再冷，心也是暖的

6.6.4　为照片添加贴纸

除了给照片添加文字，我们还可以给照片添加贴纸效果，但与添加文字相比，添加贴纸追求的是让画面带有更多的趣味性，表现出追求那种

有故事性或是文艺范儿的效果。根据孩子的不同造型特点，选择适合的贴纸，可以让画面看起来更有意思，让孩子在画面中表现得更加活泼可爱

原图效果

给孩子的头上添加一对可爱的卡通鹿角，并配上酷酷的卡通眼镜，画面很有童趣，孩子显得更加可爱

6.6.5　为照片添加"卡通"效果的滤镜

对孩子的照片进行后期处理时，还可以利用后期软件把照片处理成"卡通"效果，这样会使照片显得更有童趣，孩子看到自己的照片变成了漫画效果也会非常喜欢，更愿意配合我们拍摄。

原图效果

将原图转为卡通效果后，画面显得更有童趣，孩子成为了卡通人物，配合孩子的表情动作，显得很有创意

第 **7** 章 | 静物美食拍摄技巧

对于手机摄影来说，生活中到处都有可以拍摄的题材，要说最常拍摄的，莫过于美食与静物题材。

无论是在家中还是在饭店，当美味的食物被端上来时，很多人都喜欢拿起手机拍摄美食，然后分享在朋友圈里。其实在拍摄过程中，加入一些摄影技法，会让美食照片显得更专业，能够更容易"馋"到别人。另外，生活中一些精美的小物品也很值得拍摄，加入一些摄影技法，可以让简单的场景变得更文艺，让小物品更有魅力。

7.1 静物美食的构图技巧

美食与静物的构图，并不需要追求那种形式上很出众的效果，我们也很少看到利用汇聚线、得平凡无奇，想要把美食照拍好，应该多尝试一些角度拍摄，比如用平视、仰视的角度去拍摄，

表现在拍摄的角度上。

7.1.1 利用不同的角度展现美食

在与朋友聚餐时，很多人都喜欢拍摄一些美食照片分享在朋友圈里，但由于拍摄水平的不同，明明与好友吃的是同一盘菜，却发现自己拍得没有别人拍得好。

其实我们在餐桌前看到美食的角度基本是45°，这导致我们拍摄也会下意识使用这种角度，如果千篇一律地使用，得到的画面效果自然会显

这种拍摄角度差不多就是45°，为了避免画面的平淡无奇，我用美食具有的斜线元素进行对角线构图，画面显得自然不呆板。另外，排列整齐的蛋糕形成了有序的影子，增加了画面的气氛

Shot on X20
vivo dual camera

这种角度属于由上而下的俯视拍摄，将美食平面地摆在画面中，让美食的细节、色彩都能得到清晰呈现。需要注意的是，这种垂直的角度很容易把拍摄者的影子拍摄进去，所以要多加留意

▶ 小贴士：

造型精美的菜肴非常值得拍摄，但最好是选择刚刚被端上桌子的时候拍摄，那时菜肴的形状以及色彩是最佳拍摄时机。

厨师们高超的厨艺不仅可以把食物做得很美味，也可以让其呈现得很有艺术美感，对于这种造型精美的摆盘，垂直的俯视角度拍摄再适合不过了

餐桌上漂亮的器皿也很值得拍摄，拍摄时把手机角度放低，与器皿保持平视角度，所呈现出的画面视角很独特，器皿的造型特征也得到清晰表现

7.1.2　特写视角

当我们在拍摄某一主体时，如果想不出用何种构图方法拍摄，那么就选择靠近主体，拍摄主体的特写。

尤其是在拍摄美食的时候，用特写的方法来诠释美食照片，会有很多好处：

1. 可以避开环境中杂乱的元素。
2. 能让主体细节得到实出表现。
3. 让美食更有诱惑力，看起来更香。

这是一道蝎子做的重口味美食，在正常视角下呈现的效果

对美食进行特写拍摄，可以将其细节、色彩等特征突出呈现在画面中，让画面更具震撼效果

为手机安装微距镜头拍摄美食

手机微距镜头拍摄的猕猴桃

手机微距镜头拍摄的美食

7.1.3　酒杯碰撞的角度

在与朋友聚会的时候，我们总要举杯欢庆一番，而就在我们碰杯的瞬间，利用特写的角度把碰杯的画面抓拍下来，也会是一张不错的照片。另外，这种特写画面不光是在表现酒杯主体，更多的是在展现人们举杯庆祝时的那种气氛和情意，这比酒杯本身更重要。

拍摄要点：

1. 把杯中的饮料或酒倒满。

2. 要和朋友们提前商量好，在碰杯时保持的时间长一些，以便提供充足的拍摄时间。

3. 最好选择带颜色的饮料或者红酒，让画面的色彩更出众。

只拍摄酒杯，缺少热闹气氛

拍摄朋友们干杯的瞬间，画面气氛很热烈，所有的酒杯都碰在一起，给予了画面浓浓的感情色彩

7.1.4　避开杂乱的背景去拍摄

拍摄美食或是静物题材时，如果拍摄的环境比较杂乱，我们可以通过改变拍摄角度或是后期处理的方式，让画面显得更为简洁。

改变角度方面：可以是左右水平角度的改变，也可以是俯视、仰视等角度的改变，还可以是远近视角的改变。

后期处理方面：可以利用裁剪工具把杂乱的元素裁剪掉，或者用修复工具把杂乱的元素P掉，还可以降低画面的曝光，让杂乱的元素消失在阴影中。

没有考虑到周围环境中杂乱的元素，分不出到底想要表现的主体是谁

把手机靠近静物主体拍摄，并适当降低拍摄角度，画面的效果得到了明显改善

通过后期软件对画面进行一些调整，并添加适当的文字，画面如同脱胎换骨一样，禅意浓浓，很有意境

7.2 静物美食用光技巧

拍摄美食照片时，想要将美食的色彩、形态等细节更好地展现出来，需要我们留意场景中的光线，因为光线的强弱、光影效果、色温等都会对画面的表现有所影响。

7.2.1 选择暖色调的光源拍摄美食

暖色调的光源可以让食物看起来更加美味，细想一下，有很多熟食店都会安装暖色的灯来照亮食物，这样可以让顾客看到后更有购买的欲望。我们拍摄美食照片也是如此，要充分利用周边的暖色调光源。

暖色调的光线不仅能给人带来温暖的感觉，也会增加美食的诱惑力

暖色的光源可以让食物看起来更加美味，与此同时，画面中的阴影区域与亮部区域形成明暗对比的效果，增加了画面的欣赏性

7.2.2　在室外的自然光线下拍摄

拍摄静物小品时，选择在阳光明媚的自然光线下拍摄，也是不错的选择。

此时，光线十分充足，不用担心快门的快慢，而且太阳的光线很自然，可以让主体有更自然的表现。另外，阳光明媚时的光线属于直射光，可以给画面带来阴影效果，从而增加画面的气氛。

7.2.3　利用光影拍摄漂亮的餐具

在餐厅里拍摄，我们不仅可以拍摄美味的菜肴，还可以拍摄餐厅中那些漂亮的餐具，比如水杯、餐盘、勺子、筷枕等，而为了增加画面的艺术性和趣味性，可以加入一些光影效果来展现画面。

把小物品放在阳光明媚的环境里，得到的画面效果也很不错，主体表现得自然、清晰

把勺子放在筷枕上，勺子中心倒映出了房顶吊灯的影子，画面具有很强的创意感

7.2.4 光可以增加静物的立体感

拍摄一张静物照片时，如果只融入一些构图技法，而不注意光线的应用，那么得到的画面表现也只能算是中规中矩，并不会产生带有感染力的效果，画面气氛也不会很浓。而如果加入一些光线效果，会把照片瞬间提升一个高度，既可以增加画面的气氛，又可以增加主体的立体感。

为画面加入了额外的光线，使主体产生了影子，画面效果与之前相比，变得更有欣赏性，主体更显立体

7.3 如何能拍出静物、美食的意境

拍摄静物和美食题材时，如果想增加画面的意境，可以利用环境中的倒影或是烟雾等效果来实现。下面就是我为大家分享的一些案例。

7.3.1 利用玻璃倒影把食物和景色有机结合

结合倒影拍摄，是指美食与桌面反射的倒影，所以在拍摄前我们要选择一张桌面光滑、有反光效果的餐桌。

在拍摄时，要控制好玻璃倒影和食物在画面中的占比加入倒影是为了增加画面的气氛和意境，但不要干扰到主体美食的表现。

7.3.2 烟雾可以创造氛围

除了加入倒影效果，还有一种方法可以瞬间提高画面的格调，让画面更有意境，那就是利用烟雾效果。

一般情况下，烟雾效果可以由两种方法得到，一种是热气，也就是水蒸气效果；另一种是舞台上常用的干冰效果，而干冰效果产生的雾气更浓，现在饭店里的一些菜肴也会加入一些干冰效果。

光滑的桌面反射出了蓝天和白云，将美食安排在画面中间，让美食占据画面的大部分，使其得到突出体现，倒映出的蓝天白云与桌面形成强烈反差，画面很有意境

▶ 小贴士：

拍摄前，要保持桌面的干净整洁，由于桌面很光滑，如果有一些手印在上面，在照片中都会显得很明显。

加入了烟雾效果后，画面显得很有意境，主体的橘红色，以及进入画面中的几朵绿叶，增加了画面的视觉吸引力

7.3.3 利用手机的人像模式拍摄美食

有很多初学者都喜欢用单反相机拍摄出的那种大光圈虚化效果。确实，那种浅景深的效果会使主体显得很突出，画面也很有意境。我们用手机进行摄影创作，其实也可以得到那种浅景深的效果。具体做法其实很简单，只需开启手机的人像模式拍摄即可。

利用人像模式拍摄的美食照片

利用人像模式拍摄的美食照片

利用人像模式拍摄的静物照片

7.4 如何正确选取静物和美食的背景

对于美食和静物的背景选择，我们知道要保持背景的干净整洁，这些算是基本要求，此外我这里还有一些其他需要注意的事项分享给大家。

7.4.1 摄影棚里拍摄时，选择纯色背景

在影棚里拍摄静物或者美食照片时，如果想在拍摄之后进行后期抠图，可以准备纯色的背景拍摄，这样在后期抠图时会显得十分轻松。当然，背景的颜色要根据主体而定，最好能与主体产生较大的反差，避免靠色。

拍摄灰白的兔子玩偶时，选择纯黑的背景，这样在后期抠图时会非常轻松

虽然选择的背景简洁干净，但背景与主体太靠色，在后期抠图时会非常麻烦

7.4.2 使用倒影板拍摄静物

另外，如果有倒影板，也可以把静物放在倒影板上拍摄。倒影板的纯色背景会突出主体，而形成的倒影会增加画面的美感，主体在倒影的衬托下也会显得更有魅力。

利用倒影板拍摄静物

利用倒影板拍摄精美的小物品，得到的效果十分专业，欣赏性很强

7.4.3 用iPad作背景

如果家里没有摄影棚，也没有倒影板这些拍照附件，又想要选择一些与众不同的背景，这时我们的iPad就能派上用场了。可以下载网上喜欢的图片作背景，让静物或是美食照片显得更具美感。当然，用iPad作背景，最大的好处的就是可以有更多的背景选择。

拍摄可爱的卡通玩偶时，可以将iPad作为背景拍摄，此图为iPad未开启时的效果，主体也得到突出体现

打开iPad，将我们找到的图片展现出来，这里我根据人物特征，选择了一张比较动感的螺旋线条图片，配合卡通玩偶的动作，画面生动有趣

7.4.4　改变角度，将窗外的景色作为背景

在摄影中，虽然主体是绝对主角，但是背景对画面的表现也有至关重要的作用，它不光负责突出主体，还要起到烘托画面气氛，交代拍摄环境的作用。我们在拍摄美食的时候，不要只把餐桌当作背景，可以适当选择较低的角度拍摄，把餐厅窗户也构建在画面中，让窗外的美景作为背景，从而提高美食照片的美感。

垂直向下拍摄美食，可以将美食平面化地展现出来，效果也不错

通过改变拍摄角度，将窗外的美景也构建其中，瞬间提升了美食照片的美感

7.5　选择一些道具拍摄

在拍摄静物和美食题材时，适当应用些道具，能够让主体有更好地表现，并且可以烘托画面的气氛。

7.5.1　拍摄美食时带上餐具

拍摄餐桌上的美食时，对于道具的选择，我们可以就地取材，水晶杯、刀叉、碗筷等都可以作为拍摄道具。用这些道具结合美食拍摄，可以使画面不显单调，餐厅中的那种氛围也更浓厚。

拍摄美食时，把餐具也构建在画面中的效果

有些饭店非常讲究，为客人准备的餐具很丰富，所以餐具也是很好的拍摄对象

7.5.2 使用一些道具灯增加气氛

如果拍摄的是静物小品，那么可以选择一些精美的灯具作为道具，把主体安排在灯具旁。如果是数量较多的装饰小彩灯，可以把主体放在彩灯的中间拍摄。另外，在拍摄时，记得把室内的灯关掉，并把小灯点亮，这样可以使画面气氛更强烈。

拍摄静物小物品时，配合道具灯拍摄，得到很有气氛的画面效果

靠近静物主体，改变一下拍摄视角，展现出不同的效果

这种道具灯很适合小物品的拍摄，喜欢拍照的你不妨也准备一个

7.6　静物美食后期思路分享

　　静物与美食的后期，由于它们的用途不同，这里我就把它们分开来说。

美食照片

　　美食照片更多是展现美食的色彩和质感，让人看到后有种也想吃的冲动，所以后期处理不能太过，可以调整一下基础信息，比如曝光、对比度、饱和度等。不能添加效果十分夸张的滤镜，否则美食的色彩会失真得很严重。

静物照片

　　如果不是用于需要真实表现的淘宝商品，那么就可以进行创意性的后期制作，比如为照片添加滤镜，添加些符合画面的文字等。当然在这之前，也需要对画面进行基础调整，比如调整曝光、饱和度、进行二次构图等处理。

利用倒影板拍摄的原图照片，效果其实已经很出色了，想要使画面更有魅力，则需要进行一些后期处理

为画面加入类似下雪的滤镜，并添加一些相应的文字，画面瞬间变得很文艺，也很有故事性

第 **8** 章　宠物拍摄技巧

相信有很多人家里都养了宠物，这些宠物不仅给我们的生活带来了乐趣，还给我们增添了很多美好的回忆，因此用手机给它们拍照也就变得更有意义。我家里养了两只可爱的小猫，一只叫"开心"，一只叫"闹闹"，我特别喜欢给它们拍照。本章内容，我将以它们为例，给大家讲解如何拍摄宠物照片。

8.1 宠物拍摄的准备工作

想要拍好家里的宠物，拍摄前的准备工作是务必要做的，包括了解宠物的习性、选择适合的场景、准备些宠物爱玩的玩具等。

8.1.1 了解宠物眼睛的特性

拍摄家里的宠物，与拍摄花卉、人像题材有些相似之处。拍摄花卉时，花蕊是重点；拍摄人像时，人的眼睛是重点；而拍摄宠物时，宠物的眼睛则是重点。要展现出眼神光来，这样的动物照片会显得更有灵性。

想要展现它们的眼神，就要先了解它们眼睛的特点。比如拍摄家里的猫咪，猫咪圆形的瞳孔看上去会更为可爱，要拍摄到这样的效果，就要在昏暗的室内环境，因为在光亮的环境下，猫咪的瞳孔会收缩变成一条窄窄的垂直线，在阴暗的环境下则会打开成圆形。

技术重点：手机对焦一定对在眼睛上。

对猫咪的眼睛进行特写拍摄，猫咪眼珠反射的亮光形成眼神光，看起来生动有神

由于是在室内昏暗的环境里拍摄，猫咪的瞳孔放得很大，显得炯炯有神

8.1.2　拍摄环境的选择

　　拍摄家里的宠物，要选择一个光线较好的环境，如果光线很暗，手机拍出的照片会有很多噪点，从而影响到画质，那样还不如不拍。另外，还要根据宠物的毛色来选择合适的背景，背景的颜色与宠物的毛色不能太靠色，否则宠物可能会"消失"在背景中，不能得到突出体现。

　　技术重点：选择干净的背景，且不能太靠色。

▶ 小贴士：

我比较喜欢用iPhone7 Plus拍摄，因为它的人像模式可以把背景虚化掉，得到浅景深的效果。当然，有很多手机也带这种效果，比如iPhone X、OPPO R11等。另外，如今的主流手机都拥有很大的光圈，也能得到很好的虚化效果。

猫咪黑色的毛发与红色的背景形成了对比关系，从而得到了突出体现。另外，用手机得到的虚化背景效果丝毫不逊色于专业的数码相机

纯色的背景让猫咪表现得更为突出，也会使照片显得更专业

8.1.3　熟悉自己家宠物的习性

　　想要拍好家里的宠物，还要了解它们的习性，就拿我家的两只猫来说，真的是一只猫一个脾气，一只比较高冷，一只比较顽皮，像个两三岁的孩子到处乱跑。不过这些都不妨碍拍摄，了解了它们的习性后，我会预先判断出它们要干什么，然后进行抓拍，比如打哈欠或是伸懒腰，它们在做这些动作之前一般都会有个预备过程。另外，通过了解它们的习性，观察它们是晚上比较精神，还是中午比较精神，选择它们状态最好的时段去拍摄。

　　技术重点：预判它们的动作，提前做好拍摄准备。

我正在电脑前工作，猫咪窜到桌子上，我猜到它要做出点什么动作，就提前拿出手机打开了拍照模式，于是得到了这张照片

把猫咪打哈欠的瞬间拍摄下来，猫咪就像在哈哈大笑，样子是不是特别有趣

熟悉小仓鼠的习性，然后把它们最活跃的状态拍摄下来。照片里的小仓鼠，一只看着镜头，像是在监视着我；一只像是在找逃出去的出口，画面很有趣

小仓鼠挤在一起的样子既搞笑又可爱。在取景构图时，要把小仓鼠的眼睛安排在画面的井字形交叉点位置，这样可以使画面显得更生动

8.1.4　准备合适的拍摄器材

　　拍摄宠物时，想要展现出多种视觉效果，可以借助不同的手机镜头来拍摄，我最常用的是鱼眼镜头和微距镜头。

　　鱼眼镜头带给画面的变形效果，让宠物展现得既可爱又有趣。而配备微距镜头，可以捕捉到宠物的细微特征，比如拍摄猫咪时，可以用微距镜头展现它们的眼睛、爪子、毛发、胡须等部位，画面效果也很有吸引力。

　　技术重点：用微距镜头和鱼眼镜头拍摄。

在鱼眼镜头下，猫咪的脸显得很大，产生的畸变效果很有趣

微距镜头展现出喵咪耳朵的细节

用鱼眼镜头拍摄小猪，猪猪的鼻子变得很大，样子很可爱

8.1.5　准备些宠物喜欢的玩具和食品

拍摄家中的宠物，并不像拍人那样简单，因为宠物听不懂我们的指挥。所以在拍摄前，要准备些宠物爱玩的玩具或是喜欢吃的食物来引诱它

淡一动一样懒得理我们了。

技术重点：注意引导方向，并防止助手进入画面。

猫咪在休息，一副懒洋洋的样子，眼睛也无精打采

我让助手用小道具吸引猫咪的注意，并让猫咪向上45°看，猫咪的眼睛里有了眼神光，照片更生动

8.1.6　注意宠物的卫生情况

　　拍摄宠物前,还要注意宠物的卫生情况,如果是脏兮兮的,会影响画面的表现。

　　可以给宠物梳理毛发,让毛发更顺畅些;清理眼屎,让眼睛有更好的展现;还可以给它们洗洗澡、剪剪指甲,甚至是做个SPA,它们也喜欢这种服务,会表现出开心愉悦的状态,这样可以记录下它们更好的状态。

街上的小野猫,无人照料,显得脏兮兮的

家里的猫咪和我们产生了信任关系,可以给它们做一些清洁护理之后再拍摄

8.2　宠物拍摄的光影和构图

拍摄家里的宠物，用光和构图也很关键，并且展现的方式也很多样，下面我来给大家介绍一些。

8.2.1　拍摄角度的选取

一般来说，大家都常用平视角度拍摄宠物，通过弯下身子甚至是趴在地上，与宠物保持在同一水平线上。

但有时为了一些特殊效果，我也会采取仰视和俯视的角度拍摄。比如利用俯视角度结合猫咪的影子得到有趣的效果，或是利用仰视角度结合后期将照片进行反转处理，得到有趣的效果。但具体采取何种角度，要根据现场效果而定。总而言之，按照需要的感觉来拍，不要拘泥于一种姿势。

技术重点：多去尝试不同的拍摄视角，但在改变视角的同时避免有杂乱元素进入。

仰视拍摄猫咪后，通过后期软件将画面进行反转，得到的视角很特别，喵咪的眼神也很有趣

用俯视角度拍摄猫咪，可以给画面一个干净简洁的背景。另外，喵咪的影子与猫咪本身形成了一种虚实对比和黑白对比关系，增加了照片的观赏性

利用平视、仰视、俯视这三种角度拍摄的猫咪照片。

平视角度可以拉近猫咪与拍摄者的距离，猫咪慵懒地趴在桌上，样子很搞笑

仰视角度拍摄喵咪，可以避开场景中多余的元素，猫咪也展现出一种高高在上的感觉，很符合喵星人那种高傲

俯视角度拍摄猫咪，可以将其形态等细节充分展现出来。另外，根据猫咪摆出的姿态，进行对角线构图，让画面显得更为生动

8.2.2　多种构图方式

　　除了常规的拍摄，还可以采用框架式、呼应式、多空间等多种构图方式。

　　1. 框架式构图。主要突出框架中间的宠物，框架作为陪体，增加了画面的结构感和空间感。

　　2. 呼应式构图。就像右边这张照片里，我们家的猫咪抬头望向另一只猫咪，就像老婆望着它熟睡的老公一样，融入了一些情节在里面。

尝试，多去观察，才会拍出好的作品。

猫咪望向熟睡的伙伴，形成一种呼应式构图

拍摄猫咪时，利用门框作框架元素进行框架式构图，猫咪得到了突出体现。另外，为了让猫咪看向镜头，可以故意发出一些有趣的声响，引起它的注意

利用发光的镜子引起猫咪的兴趣，虽然是从猫咪背后拍摄，但镜子却照出了喵咪的正脸，形成了一种多空间的效果

猫咪躺在光滑的地板上，由于地面反光，映出了猫咪的倒影。此时，可以利用上下对称的构图形式，增添照片的趣味性

在爬行动物馆里，几只变
色龙趴在木头上，利用多
点棋盘式构图拍摄，画面
表现得很生动

拍摄熟睡的小仓鼠，利用其
身体进行斜线构图，并将小
仓鼠的眼睛安排在井字形交
叉点位置上，使画面表现得
很自然，小仓鼠熟睡的样子
也表现得很可爱

8.2.3　拍摄宠物时的光线

　　如果是在室外给宠物拍照，因为光照非常充足，拍摄起来可以随心所欲。如果是在室内拍摄，白天的情况下尽量选择靠窗的位置，利用窗外打进来的自然光线拍摄最理想，宠物们也喜欢在窗户旁边晒太阳。如果是在晚上拍摄，可以将室内的灯都打开，让光线尽量充足，也可以用一些引进的光源进行补光拍摄，比如柔光棒。

　　技术重点：尽可能在有充足光线的环境里拍摄，光线要自然。

在室外拍摄，光线很充足，猫咪的毛色也显得很亮丽，与背景形成色彩对比，显得更为突出

在室内拍摄，尽量选择光线较充足的环境，确保手机有一个安全的快门速度。室内的光线往往会很柔和，得到的照片也有一种柔美之感

8.3 如何抓拍宠物精彩的瞬间

宠物有很多精彩的画面都是转眼即逝的，那么如何将这些瞬间记录下来，就是对拍摄者的考验了。下面我给大家分享一些我的经验。

1. 必要时可以利用手机的高速连拍。长按手机的快门键，就是高速连拍模式，这样可以在最短的时间内，记录下更多画面（有些手机需要设置一下快门键的属性）。

的瞬间需要我们有足够的耐心，我经常会为一张作品而在原地守候很久，也会拍摄很多张照片，然后从中选择一张最为满意的当作最终作品。

并拍摄多张照片，不要让精彩的瞬间擦肩而过

1. 可以利用道具调动宠物的兴致，然后进行抓拍

2. 可以拍摄多张照片，然后从中选出一些满意的

8.4 拍点不一样的猫片

宠物给我们人类的生活增添了不少乐趣，同时我们也会付出一份人与动物间的感情在里面，我们只有爱它们，才能够拍好它们。而想要展现出它们更多的状态，可以拍摄一些不一样的照片。

何为不一样呢？按照我的经验，给大家分享以下几种。

1. 拍点让人有感触、有联想的作品

在拍摄过程中，可以加进一些人的情感在里面，能够让人看了以后有所感触。比如我拍摄的这两只在冬季抱团取暖的小猫咪，当人们看到这张照片后，就有一种温暖的感觉。

猫咪抱在一起，给人带来一种温暖之感

猫咪仰着头，眯着眼，在享受阳光的亲抚，给人一种惬意的感觉

2. 利用道具拍摄

有时，还可以利用一些特殊的道具来拍摄，比如镜子、水晶球等。总而言之，利用这些道具可以改变人们的视觉感受，增加画面的趣味性。

水晶球是我很喜欢用的拍摄道具，它可以把场景反转。宠物在水晶球里会显得更有趣，给人的视觉感受也更新颖

3. 利用二次曝光拍摄

为了给画面带来更多的创意，我们还可以采用二次曝光来拍摄。有些手机自身会带有二次曝光功能。如果没有，可以利用后期软件完成二次曝光，比如 Snapseed，它可以通过后期合成达到二次曝光的效果。

利用后期软件进行二次曝光合成，将猫咪和一张照片合成在一起，给予了画面很强的艺术效果

4. 视觉差

镜头会对画面空间进行压缩，产生视觉差，我们可以利用这种视觉差来展现有趣的效果。比如这两只小白猫，由于视觉差，呈现出了有趣的双头效果。

5. 拍摄图片故事

拍摄宠物时，还可以拍摄多张照片，组合成一个系列故事，能够看到故事的发展，也是非常有趣的。另外，有时候单张照片会显得很普通，然而利用多张照片组成一个系列故事，照片就更有欣赏价值，融入到这个故事当中后，每一张照片又变得不可缺少。

两只猫咪一前一后卧在地上，但由于视觉差，像是一只双头猫，效果很有趣

单独看这张照片，会觉得这是张废片，两只猫在打闹，主体都虚化了，没有焦点

把这张虚化的照片，和前一张照片组合成一个图片故事。大猫伸着爪子对小猫说"动动我试试"，下一张照片就变成小猫和大猫打成了一团，说"试试就试试"

6. 拟人法拍摄

拍摄家里的宠物，用一些拟人的手法来拍也会得到很有趣的画面效果，但这些画面有可能是一瞬间的，所以需要我们实时做好拍摄的准备，多去观察它们，并多去尝试拍摄。

像是在面壁思过的喵星人

正在给喵星球写信的喵星人

在偷窥人类的喵星人

8.5　宠物摄影后期思路

关于宠物摄影的后期思路，可以分为动态和静态两部分。

动态部分

动态部分的展现方式有两种。

1.将静止的照片变为动态效果。有一款APP叫"我的宠物会说话"，它可以把宠物的嘴巴编辑为动态效果，并有相应的配音，感觉像是宠物在说话一样，十分有趣。

2.纯粹小视频的编辑。在拍摄视频时，可以利用手机的原始拍摄功能，也可以利用第三方软件拍摄，比如极拍。而在后期编辑里，也可以用美摄、iMovie、小咖秀等APP进行编辑。

静态部分

静态图片的后期处理，我常会搭配好几款软件使用。比如Snapseed、MIX、印象、美图秀秀等，很多女士喜欢用美颜功能给自己美颜，其实也可以给宠物进行美颜处理。另外，还可以用一些海报软件对照片进行编辑，可以添加边框，让照片更文艺，也可以加入一些文字，让照片更有故事性。

猫咪弯着身子在玩耍，好像在炫耀它柔软的身体，我给它添加了一个圆形画幅的边框，照片更显文艺，猫咪的动作形态也更显突出

这张照片主要在讲一只小猫在跟大猫玩闹，可是大猫不一会就睡着了，这有点像父亲看孩子，有时候孩子还没有睡着，父亲先睡着了。为了让这个场景更鲜明，我给照片添加了海报效果，并加入了相应的文字，人们看到文字后，会更容易领悟我想表现的内容

第 **9** 章 | **令人脑洞大开的创意
手机摄影**

无论在什么领域，创意的重要性都是不言而喻的。在摄影创作中，一

助大家拍摄出新颖有趣的创意作品。

9.1 拍摄非常规构图的手机摄影作品

想要追求有创意的画面效果，就不能按照常规的构图思路去拍摄，而是要采取一些非常规构图的思路。在这里，我根据我的拍摄经验，和大家分享一些构图思路，帮助大家更好地去创作。大家可以借鉴和参考我的拍摄思路，但我更希望大家可以找到属于自己的独门秘籍。

9.1.1 悬浮

这种违背地心引力的梦幻效果，基本上都需要进行后期处理（当然，通过抓拍人物跳起的瞬间效果除外），就和武侠电影里的轻功，拍摄时需要吊威亚，之后需要把威亚P掉的道理是一样的。

拍摄要点：选好拍摄场地，设计好动作，背景要干净简洁，衣服要大方得体，方便抠图。

拍摄这种悬浮效果，其实有很多后期软件可以做到，不过术业有专攻，有一款叫LEVITAGRAM的软件，是专门制作悬浮效果的，推荐给大家

1. 设计好悬浮的姿势，并利用道具摆出动作，然后通过后期软件把人物抠取出来

2. 拍摄干净的背景照，用于搭配抠取出的人像

3. 把抠取的人像放在干净的背景中，调整好人像的角度

4. 还可以利用后期加入天空和鸽子

9.1.2　倒影

倒影效果，其实属于对称构图中的一种形式，在我们的日常生活中，这种效果非常常见。可以说只要有水面或者光滑的地面，就会有倒影产生，但想要拍出让人称赞的效果，在场景的选择上要下些功夫，因为不是任何有倒影的场景都有吸引力。

拍摄要点：画面要干净简洁，保持画面的对称与水平，让构图更为严谨。

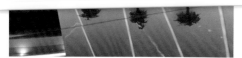

地面反光形成了倒影效果，场景中的灯条以及小树形状的装饰品增加了画面的对称感，展现出了一种对称之美

同样是光滑的地面反光，倒影与实物主体形成长条形状，井然有序地排列在一起，对称美感与形式感十分突出

拍摄空荡的室内走廊，光滑的地面映出了很有空间感的线条元素，画面整体的空间纵深效果十分强烈

利用光滑的地面反光呈现出倒影效果，倒影的内容是类似椭圆形的彩灯，与实物主体形成一种上下呼应，科技感爆棚

这张照片也是由倒影构成的，其中，场景里的水平线给画面带来一种平稳、均衡的感受，垂直线让画面显得更加稳定，倒影效果则增加了画面的对称之美

有水的地方就会有倒影，倒影效果的好坏关键在于内容的选择上。在这张照片中，红墙灰瓦的古典建筑就是画面的兴趣点，倒影与地面景物相结合，产生一种安稳、幽静之美，禅意很浓

9.1.3 虚焦

　　虚焦在摄影这个行当里本是个贬义词，图片最忌讳的就是虚焦。虚焦是整个画面没有焦点，没有一处是清晰的，从技术上讲是废品。但是有时候反其道而为之，能发现其中的奥秘，将片子拍出诗意。

　　在摄影这个行当里，有一句行话"变焦基本靠走，对焦基本靠手，虚焦基本靠抖。"以上的方法主要说的是相机，手机可以找到专业模式得焦点，将焦点直接设置在焦外。

手机对焦清晰得到的效果

会出现虚焦的光斑效果，通过对焦锁定后再重新进行取景构图。

虚焦状态下夜晚的霓虹灯形成浪漫的光斑效果

华灯初上时，天空还是深蓝色的，此时将街道上的路灯用虚焦效果来呈现，画面会有一种唯美、浪漫的意境

隧道内的光线非常弱，导致手机快门速度很慢，我坐在汽车上，按下手机快门，汽车疾驰地穿过隧道，形成了这种非常动感的虚焦效果

这张照片里的虚焦效果很好拍摄，因为夜晚手机快门很慢，只要对准有彩色灯光的地方，边晃动手机边按快门，就可以得到

9.1.4 旋转

旋转效果也是利用慢速快门得到的。在阴天或是傍晚等光线并不充足的时候，手机为了保证曝光充足，会自动调慢快门速度，确保进光量，在按下快门的瞬间，快速旋转手机，会得到非常动感的旋转效果。

拍摄要点：掌握好按下快门与旋转手机的时间。

秋雨过后，室外的光线并不是很充足，对落满黄叶的街道进行正常拍摄得到的效果

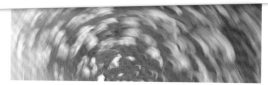

在按下快门时，通过旋转手机所得到的动感效果

在傍晚时分，游乐场内的光照不是很充足，对旋转木马进行正常拍摄得到的效果

在按下快门时，通过旋转手机所得到的动感效果

9.1.5　错位

　　错位效果是一种非常有趣的构图方式，其主要是通过近大远小的规律和一些特殊的视角得到的。错位摄影的核心是趣味性与创新性，一幅好的错位摄影作品，画面的趣味性是最大亮点。

　　拍摄要点：变换拍摄位置，调整物体间的距离，有些错位效果呈现得很自然，有些会因为物体间的距离问题显得不自然。

没有选好角度就去拍摄，并没有产生错位效果

通过改变拍摄的位置和拍摄的角度，达到这种神兽吐珠的效果

通过仰视拍摄花卉，并利用错位效果巧妙地将太阳与花卉结合在一起，而其他位置较低的花卉也像簇拥着它一样，呈现出一种梦幻、神圣、童话般的感觉

这是我去江西讲课时拍摄的照片，主体是赣江边上的一尊雕塑，它实际上是没有帽称儿的，我在拍的时候先观察了一下周围环境，把街道上的灯杆与这尊雕像结合在一起，形成这种有趣的错位效果

这是一张在呈现形式上有所不同的错位照片，原景为一对小情侣，导致玻璃中只有女孩的影子，男孩影子的位置却是一只小猴子。我们不妨想象一下《大话西游》的桥段，玻璃本是一面照妖镜，而男孩之所以被照出猴子原型，是因为他就是传说中的至尊宝

这也是一张呈现形式不同的错位照，我提前拍摄一张卡通人物的头像照，并设置为全屏预览，然后利用错位效果把卡通头像与真人相结合，就得到了这种有趣的画面效果

9.1.6　影图

晴天时的直射光线，会使受光物体产生明显的影子效果，我们可以利用场景中的影子，拍摄些影图作品，如果仔细观察周围环境中的影子，并添加些想象，会发现很多有趣的影图效果。

拍摄要点：影子投射的区域不能太杂乱，对于影子的选择，最好是单类景物的影子，形态具有一些美感。

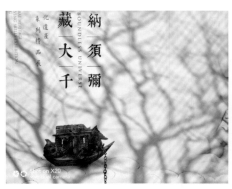

如果只拍摄墙上的小核舟和文字，画面会显得单调。而等到有树枝的影子出现再去拍摄，树影打在墙上，形成一种潦草、无形胜有形的画面感，配合小核舟，渲染了画面的气氛

我给这张照片起的名字叫《左顾右盼》，画面中摄像头的影子与它本身成相反方向，像是在焦急地等待某个人来一样，有了影子，画面更显生动

这张照片中的影子既交代了拍摄地点，又烘托了画面的气氛。同时，"报国寺"三个字以影子的形态出现，更好地突出了我们中国毛笔书法的魅力

9.1.7 拟物

拟物的拍摄手法会使主体显得非常生动，画面显得颇有乐趣。而拍摄这种拟物作品，其实并没有什么技巧可言，关键在于我们的观察力和想象力。另外，我们人类都会有一个惯性思维，在朋友圈晒这种拟物的作品时，可以给它写上简单的描述。通过描述，欣赏者会带着这种思维去观察照片，会觉得照片里的主体更加生动、逼真。

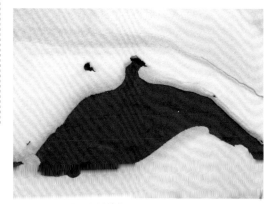

冬天里的河道，中间融化的形状像不像一只欢快的海豚，给画面带来生动、有趣的效果

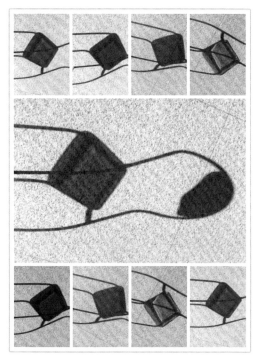

彩色透明的椅子，它们的色彩也被映在地上，就像宝石一样，很有魅力

这张照片的重点不在这两个订书机上，而是他们形成的影子，像不像即将挥动翅膀去飞翔的蝴蝶呢

9.1.8　二次曝光

　　二次曝光是一种很有创意的拍摄方式，但同时它又非常经典，因为在胶片时代，就有很多人在创作二次曝光的作品了。对于二次曝光的理解并不复杂，它是指在同一底片上进行双重曝光，使不同的场景重叠在一张画面里。

　　对于手机摄影来说，二次曝光的方式有两种，一种是前期拍摄的时候，手机拍摄系统自带二次曝光；另一种是手机没有二次曝光功能，需要用后期APP（Snapseed等）进行处理。

选择一张有汇聚线效果的照片与人物照片进行二次曝光合成，增加了画面的空间纵深感

拍摄雪景照片时，利用竖画幅拍摄第一张照片，然后将手机进行180°旋转拍摄第二张照片，合成二次曝光效果，天空区域形成毫无违和感的重合，而颠倒的陆地与正常的陆地搭配在一起，就像两个距离特别近的星球，视觉效果很震撼

这张照片同样利用了颠倒相机拍摄的方法，合成了一张正立效果和倒立效果的照片。椭圆形的国家大剧院成倒立形态，就像即将降临在地球上的外星飞船一样，表现出一种科幻大片的效果

9.2　拍摄有温度的手机摄影作品

在这个充满爱的世界里，会有很多温暖的故事发生，也许故事持续的时间很短暂，但我们可以通过手机镜头把它记录下来。用一些摄影手法来呈现，可以把小爱放大，让欣赏者看到后会更有感触。

拍摄要点：

1. 调整好手机拍照功能，随时准备抓拍。

2. 多观察，多拍摄，练就一双善于发现美的眼睛。

3. 拍摄有温度的画面，主体不光是人，也可以是动物、植物等。

这张照片既表现了动物间有爱的一面，又表现了人类自私、无情的一面。马夫牵着哺乳期的母马和小马去招揽生意，春天的海边很冷，骑马玩耍的游客并不多，小马依偎在母马的身旁，似乎想要妈妈休息陪它去玩，它们间的互动非常有爱，可是马夫却躺在沙滩上，拉着拴母马的绳子。照片很好地诠释了世间的冷暖。其实周围有很多客人，我等待了15分钟才拍到了单独只有马夫和马的照片

应邀参加婚礼，我利用红酒杯作前景，并映出新人的结婚照，预示着他们今后的生活就像红酒一样，红火甜蜜

这两只抱团取暖的猫咪，同样展现出动物之间的亲情，画面很温暖

这张照片展现的是人与人之间的亲情，小家伙两只手都拉着自己的亲人，虽然只能攥住大人的一根手指头，但每个手指上都包含着浓浓的爱意

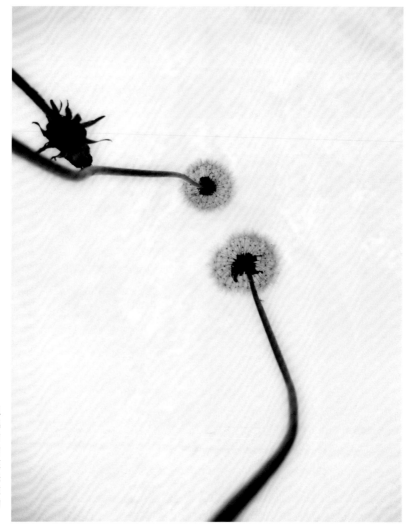

这张照片比较拟人化，我给它起名叫《蒲公英的爱情》。左边的蒲公英像是女孩子，右边的像是男孩子，仿佛在弯腰，准备亲吻他的女朋友

这张照片叫《新生代》，一个可爱的小朋友站在舞台上，她的背景是举行群体婚礼的新人们。有意思的是，这些新人都一同回头看向这位小朋友

天气变凉，妈妈脱下羽绒马甲，给孩子穿上，孩子穿上妈妈大大的衣服，样子即搞笑又很有爱

许久未见的情侣，在相聚之后又要分开，各自为了生活去打拼，女孩依依不舍地搂着男友，这种画面也十分有爱

小贴士：

这种有温度的照片我不会马上发在朋友圈，我会根据照片内容选择合适的时间才发，比如两只抱团取暖的猫咪，或者久未见面的小情侣这类照片，我就会选择情人节的时候发到朋友圈上

9.3　拍摄让人有感而发的手机摄影作品

在摄影创作中，我们还可以拍摄一些让人有感而发的摄影作品，或者是拍摄一个系列，比如拍摄一组能够让人产生好心情的照片，或是拍摄一些能够给人心酸感的照片，就像前面拍摄有温度的照片一样，能够触动观者心里的某种情绪。这种有感而发的照片会避免创作中的呆板，让画面中的内容"活"起来。

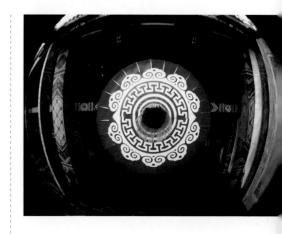

9.3.1　拍出好心情

生活中有很多景物都能给我们带来好的心情，比如彩虹，人们看到彩虹后，基本上都会表现出愉悦的心情，并且会把彩虹拍摄下来晒到朋友圈里。除了彩虹以外，其实只要选择一些能够给人希望、阳光、亮丽的色彩，或是一些好的寓意的主体，都会给人们带来好的心情，关键就在于主体的选择上。

《大红灯笼高高挂》，在我们华人的世界里，大红灯笼代表着喜庆、祥和等一系列美好的寓意，也只有在逢年过节的时候会挂起红灯笼，人们看到有红灯笼的照片，自然会展现出一种开心、愉悦的心情

在这张照片中，一处雨后的小水洼，倒映出树木和建筑的影子。此时，刚好有一片叶子落在树木倒影和建筑倒影的中间，叶子就像小船，景物的倒影如同两侧的山峦，因此我给这张照片取名叫《轻舟已过万重山》，是不是很贴切

这幅作品叫《迎春》，红色的墙壁、春天里的叶子、阳光，这些景物都能给人带来好心情

晴天也会给人带来好心情，当人们看到天高云淡的景色，心情自然会舒畅起来

蒲公英可以代表童年、爱情、远方、播种等很多美好的寓意。拿着蒲公英，将蒲公英被风吹散的瞬间拍摄下来，画面很生动，也很文艺

9.3.2 拍出陌生感

有很多人会觉得，能够给我们带来陌生感的画面，主体必定是我们未见过的东西，其实不然，陌生感的画面，通常是把熟悉的事物用不同的方式展现出来，从而带来陌生的效果，而当人们得知照片里的主体其实就是一些常见的景物时，那种恍然大悟的感觉会给照片加分不少。

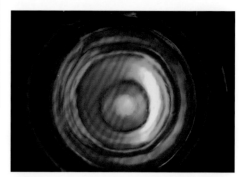

这张明暗对比强烈的照片，虽然很有画面气氛，但相信很多人都看不出是什么，其实它是杯子的底，我用一种特殊的角度来呈现

树胶很常见，如果直接拍摄，画面效果非常普通

初看这张照片，是不是很像鸡油黄的蜜蜡，其实这是手机加装微距镜头后拍摄的树胶

9.3.3 拍出心酸感

能够给人带来心酸感的照片，其实要比给人带来好心情的照片更打动人，人都是感性动物，看到一些可怜的场景其实会更有感触，更能触及内心深处。想要拍摄出心酸感的照片，选择的主体要带有一种落寞、冷淡、可怜的感觉，可以根据主体本身代表的寓意与环境相衬托。

一瓶空空的矿泉水瓶，周围是干涸的河床，给人一种绝望、心酸的感觉

关公的雕像本应该在院落的中央或是大殿上，却被放在车库门前"看门"，未免太大材小用了，如果被他的好哥们张辽看见，一定会觉得世态炎凉，心酸透底的

这张照片叫《似有转机》，一只兔子玩偶被扔在了垃圾桶里，原本是个失望的结尾，但垃圾桶上却写着"可回收物"，剧情貌似有些转机

这张照片叫《玩物丧志》，前景的树干像不像一只魔爪，伸向了古玩城

电影中英勇神猛的变形金刚，这次却沦落街头，给人一种心酸的感觉

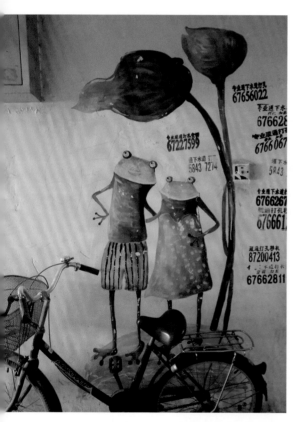

墙上的两只青蛙，以及它们眼前的自行车，让我联想出了一个童话故事，两个相爱的人原本要骑着自行车周游世界，却被女巫施了魔法，双双变成了墙壁上的青蛙

威猛的狮子，却被要求支撑广告牌，狮子的内心应该也是很心酸的吧

9.3.4　拍出仪式感

仪式感与其他有感而发的照片不同，它不会像趣味感、心酸感或是好心情的照片那样给人很大的心里波动，而是通过仪式感给人一种正经、严肃、信仰等感受，就像我拍摄的这辆自行车的照片，我给它起名叫《起点》，自行车的车把代表着方向，而地上的自行车标与车把结合在一起，形成了很强的仪式感。

《起点》，地上的自行车标与车把结合在一起，形成很强的仪式感

这张带有仪式感的照片，原本是彩色的，但我在浏览时，发现色彩构成并不好，所以改为了黑白影像

夕阳西下时，同行的摄影师们也可以被当成美景拍摄，他们都直立站着，望向远方的夕阳，像是在集体欢送这大自然的美景

9.3.5 拍点趣味感

拍摄有趣味感的照片，其主体的选择尤为重要，可以选择本身就有趣味感的主体，也可以将主体与周围环境相结合而产生趣味感。另外，拍摄这种照片时，并不是追求风光大片的绚丽或是光影照片的意境，画面拥有的趣味性要比构图上的艺术表现更重要。

有趣的蜗牛和蚂蚁赛跑，到底谁会赢得比赛呢

靠在墙壁上的墩布，像不像长发飘飘的三兄弟，它们的表情貌似还很高兴

这张照片叫《招摇过市》，黑猪妈妈带领一群小猪仔，逍遥地走在大街上，是不是很嚣张

狮子雕像本应该有那种不言自威的气场，可是这尊雕像，就像是家里养的萌宠一样，表情十分可爱

旅行途中，不仅可以拍摄标志性的美景，身边的人物也可以拍摄，瞧这两位朋友，拍摄的姿势多优美

第10章 实用有趣的手机摄影配件

随着手机拍照功能的普及，摄影创作已经不再是属于少数人的事情，只要拥有一部手机，你也能成为一名摄影师，拍拍生活中的花草、美食、建筑，让生活变得更有情调。

但摄影创作不是简单的拍照，随着人们对拍摄要求的不断提高，手机自身的硬件已经不能满足拍摄，值得庆幸的是，厂商们早已看准商机，滋生出很多用于摄影创作的配件。这其中，有可以满足不同拍摄效果的手机附加镜头，比如长焦镜头，广角镜头，鱼眼镜头等；也有可以固定手机的三脚架；还有可以控制手机快门的快门线等。下面，我将为大家介绍一些实用有趣的手机摄影配件，以及它们的使用方法。

10.1 各种不同效果的手机外接镜头

手机镜头的焦段无法变换，成为手机摄影的一个短板，我们为手机配备不同效果的外接镜头，可以有效解决焦段问题，就像单反相机那样，可以根据拍摄的需求变换镜头，虽然画质没有单反镜头那样优质，但基本都可以满足日常使用。另外，手机外接镜头还有一个最大的优势，就是价格很亲民，相比单反镜头动辄上千上万的价格，手机的外接镜头一般只有几十元到几百元不等。手机外接镜头的种类有很多种，包括微距镜头、鱼眼镜头、广角镜头、长焦镜头、显微镜头等。

将外接镜头对准原机镜头，并加以固定，效果会直接展现在屏幕上

需要注意的事项：在安装和使用前，一定要保持手机镜头和外接镜头的干净，特别注意不要用手摸到镜头，否则留下的指印会影响到画面，可以用质地较软的布对镜头进行清理。

手机的各种外接镜头以及不同滤镜

安装使用方法：无论是何种效果的外接镜头，在安装使用上都基本一致，只要将手机的外接镜头对准手机镜头，并将其固定，便可进行构图、对焦等拍摄步骤。

需要注意的是，如果是夹子式的外接镜头，使用前一定要先取下手机的保护套，直接将外接镜头夹在手机上。否则，画面会出现暗角。

为手机安上微距镜头，可以得到原机镜头拍摄不出的效果

10.1.1　微距镜头

微距镜头专门用于拍摄微小的主体，所展现出的效果是我们用肉眼无法观察到的，它可以将微观世界的景物按镜头倍率放大，并清晰地展现在画面中，画面视角既震撼，也会有一种新鲜感。

适合拍摄的题材：适合拍摄花蕊、昆虫、小饰品等比较微小的主体。

需要注意的事项：

1. 拍摄微距时，对手机的稳定性要求很高，即使环境中的光线充足，也需要保证手机和主体的稳定。

2. 控制好微距镜头与主体间的距离，太近或者太远都会导致画面失焦。

3. 要注意对焦点的选择，一定要对焦在想要突出的主体位置，使其能够清晰呈现。

利用微距镜头拍摄蜗牛时，焦点没有对在蜗牛的眼睛上，导致作品失败

手机微距镜头

对蜗牛的眼睛进行对焦拍摄，使其能够得到清晰呈现，得到的这种微距视角也很震撼

以下两组照片是未安装微距镜头与安装了微距镜头的效果对比图。值得注意的是，如果没有加装微距镜头却按照微距的距离去拍摄，主体会呈现出失焦状态。

未安装微距镜头，在手机最近对焦距离拍摄的效果

安装微距镜头后展现出的微观世界

拍摄蜜蜂采蜜的画面，未安装微距镜头，在手机最近对焦距离拍摄的效果

安装微距镜头后，蜜蜂被成倍放大，形态细节得到突出体现，但要注意不要惊吓到蜜蜂，否则会使其飞走，导致拍摄失败

利用微距镜头拍摄蚂蚁，可以得到原机镜头无法呈现的效果，蚂蚁的形态细节都能够体现出来

微距镜头下的小瓢虫，其形态和身上的色彩都得到很好表现。另外，充分利用叶子拥有的线条元素进行构图，使画面更显动感

10.1.2　鱼眼镜头

鱼眼镜头可以说是一种极端的广角镜头，它的视角接近或等于180°，呈现出的画面可以达到或是超出人眼所能看到的视角范围。另外，鱼眼镜头能够得到强烈的透视效果，这种效果与人们眼中的真实世界有很大的差别，所以会带来一种震撼人心的视觉感染力。

适合拍摄的题材：适合拍摄的题材有很多，比如花卉、风光、建筑、动物，甚至是人像的自拍，都可以使用鱼眼镜头来拍摄。

需要注意的事项：鱼眼镜头会使场景产生无法避免的畸变，如果拍摄目的是展现场景的真实效果，那就要尽量避免使用它。另外，鱼眼镜头距离主体越近，产生的畸变效果越强烈。

手机鱼眼镜头

未安装鱼眼镜头拍摄的效果

安装了鱼眼镜头拍摄，视野更宽广，产生的畸变效果也很有趣

这是我在意大利的巴勒莫旅行时拍摄的作品，拍摄前为手机安装了鱼眼镜头，得到了透视感很强的画面效果

小贴士：

鱼眼镜头所展现的画面，两侧的图像会被强烈扭曲，所以一般我们不会把主体放在两边，而是放在画面靠中间的位置。

利用鱼眼镜头拍摄生活中很平常的建筑，也会得到非常不错的效果。在构图时将建筑主体安排在画面中间，可以减少鱼眼镜头带来的畸变

拍摄卡尔广场里的建筑，鱼眼镜头展现出的空间透视感十分强烈。在构图时，将建筑安排在画面的中间位置，使画面表现得动感而不失衡

10.1.3　广角镜头

在拍摄一些大场景时，如果想要得到视角更广的画面效果，可以为手机装上广角镜头拍摄。广角镜头可以表现出更大的视野，并且可以将景物间的透视关系表现得更加强烈，让画面更震撼和更具感染力。

适合拍摄的题材：在拍摄风光、建筑等需要表现较大场景时使用。

需要注意的事项：利用广角镜头拍摄较近的主体，也会产生透视变形的效果，并且镜头距离主体越近，变形效果越强烈。

使用手机内置镜头拍摄国家大剧院得到的效果

为手机搭配广角镜头拍摄

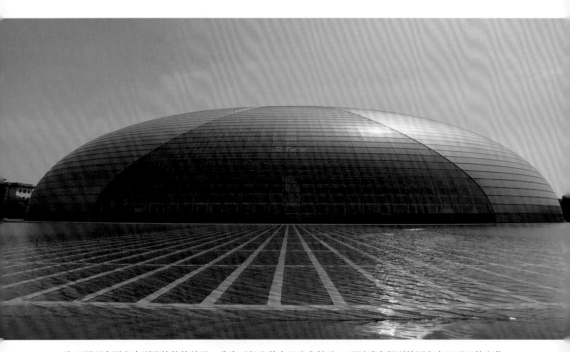

为了展现出国家大剧院的整体效果，我为手机安装上了广角镜头，可以看出得到的视角有了明显的变化

10.1.4　手机长焦镜头

使用手机拍摄离我们较远的主体，通常人们会想到两种方法：一种是滑动屏幕进行数码变焦，另一种是走近主体拍摄。其实这两种方法都各有弊端，数码变焦其实就是在牺牲像素，而走近主体拍摄也会有相应的局限性，那么该如何解决这一问题呢？方法很简单，只要为手机配备一款长焦镜头就可以了，长焦镜头具有远摄效果，可以轻松拍到离我们较远的主体。

适合拍摄的题材：当拍摄离我们较远的主体时使用，比如动物、建筑、花卉等题材。

需要注意的事项：为手机安装上长焦镜头，需要保持非常稳定的拍摄环境。因此将手机固定在三脚架上是很有必要的。

为手机安装上长焦镜头后，需要保持拍摄时的稳定，可以将手机固定在三脚架上

手机长焦镜头

未使用长焦镜头拍摄的效果

使用长焦镜头拍摄的效果

使用早期的长焦镜头拍鸟，虽然拍得到，但是清晰度较差

在玉渊潭里拍摄中央广播电视塔，只有为手机安装上长焦镜头，才能得到这种效果的电视塔。另外，在构图时，我将盛开的樱花作为画面前景，增加了画面的空间感和层次感

10.1.5　手机显微镜头

　　手机显微镜头，其主要功能并不是用在摄影创作上，更多的是应用在文玩珠宝的鉴定，或者是用在孩子观察微生物的教学上。它可以对物体进行100倍甚至更大的倍率进行观察。

　　不过万事都不是绝对的，发现30倍的显微镜很适合应用在摄影创作上，在拍摄一些极细微的物体时，它比微距镜头要更有优势，比如拍摄冬天的雪花，或是冰晶等物体，如果用微距镜头就很难拍出满意的效果。

　　所以，如果也你喜欢拍摄这种微观世界，不妨配备一款手机显微镜头，在网上的售价也很亲民，安装使用上也和其他外接镜头一样，方便实用。

30倍的手机显微镜头

为了方便观察和拍摄，镜头有内置照明灯

利用显微镜头拍摄花叶，叶脉的内部结构和纹路走向可以清晰地展现出来。在构图时，将一个类似心形的区域安排在黄金分割位置附近，使画面显得自然、协调

下雪，可能是人们在冬天里最期盼的事情，下雪之后，全世界都被白色笼罩着，我们的朋友圈也会被各种雪景刷屏。然而，在欣赏了众多大场景的雪景作品后，人们会有些审美疲劳，如果突然出现你的雪花特写照片，相信一定会引来人们更多的赞美。

选择黑色的背景拍摄雪花

选择红色的背景拍摄雪花

小贴士:拍摄雪景的小技巧
1.选择色彩反差较大的背景，让雪花的结构能更清晰。
2.要保持背景的干净整洁，因为在显微镜头下，细小的杂质也会被放大。
3.抓紧时间拍摄，不要让雪花融化。
4.根据雪花的形态进行构图。

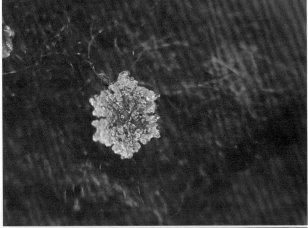

雪花有很多形状，但每一种形状都巧夺天工，美得无与伦比。右图就是我用显微镜头拍摄的几组雪花作品，大家来感受一下雪花的魅力

10.1.6　手机CPL镜

手机CPL镜属于一种外接滤镜，我们也称它为偏振镜或是偏光镜。其功能是有选择地让某个方向振动的光线通过，用来消除或者减弱非金属表面的反光，并有效地避免或减轻光斑的出现，使景物色彩更浓艳、细节更突出。

适合使用的题材：拍摄风光题材时，可以利用CPL镜消除天空和水面的反光，让天空更蓝、水更清澈。

安装事宜：作为一款外接滤镜，需要有转接环才能将其固定在手机上。

手机镜头转接环　　　　　　将CPL滤镜固定在转接环上

未使用CPL镜，由于水面反光严重，导致水中的鱼群不能得到很好的呈现

为手机安装上了CPL镜拍摄，消除了水面的反光，使鱼群得到突出体现

10.1.7　手机 ND 镜

　　手机 ND 镜也属于外接滤镜的一种，ND 镜也被称为中灰密度镜和减光镜。为手机安装上 ND 镜后，可以有效减少手机镜头的进光量。

　　相信很多人在这里都会有疑问，我们拍摄照片，不就应该让镜头进入充足的光线吗，为什么还要用减光？其实有很多题材，需要在白天光线充足的时候拍摄慢门效果，比如拍摄如丝般的水流，或是拍摄流动的云彩，都要使用慢门拍摄，如果环境中的光线比较充足，慢门就会导致画面过曝。为此，使用 ND 镜减少进光量，既能得到慢门动态效果，又可以保证画面曝光的准确。

　　适合使用的题材：在光线充足的环境中拍摄慢门效果。

　　需要注意的事项：使用 ND 镜需要长时间曝光，所以要提前把手机固定在三脚架上。

手机 ND8 减光镜　　　　　　　　手机 ND64 减光镜

▶ 小贴士：

在购买减光镜时，会看到有 ND8、ND16、ND64 等选择，数字越高，代表档位越高。这里我放了两张减光镜的照片，它们分别为 ND8 和 ND64，ND8 就代表 3 档，ND64 代表 6 档，是从 ND0 为 1 档开始算起的。

这张慢门作品中，可以看到水流如丝绒一般，画面非常唯美，这种慢门效果是我们用肉眼无法直接观察到的。在拍摄这张照片的过程中，我为手机安装上 ND 镜，并把手机光圈调整到 f/9，设置快门速度为 6s 曝光，得到了此效果

10.2 手机稳定装置

想要得到高质量的手机摄影作品，保证手机在拍摄时的稳定尤为重要。在一些光线较弱的环境里，手机的轻微抖动都会影响画面，所以在摄影创作中，还需要一些保持手机稳定的装置，它们有很多种类，但目的都是一样的。

10.2.1 手机三脚架

作为一名手机摄影师，手机三脚架应该说是必备的器材。它可以确保手机拍摄时的稳定，从而得到高画质的摄影作品。另外，相比于单反相机的三脚架，手机三脚架携带起来更加轻便，价格也更加亲民。

其实在一般情况下，无需为手机安装三脚架拍摄。但遇到以下这三种情况，就需要用到了。

1. 快门速度较慢时

尝试不同题材的摄影创作，难免会遇到快门速度过慢的情况，此时手持拍摄，便会因为手部的轻微抖动造成画面模糊。因此，为手机配备三脚架是最好的方法，确保手机的稳定，得到高画质的摄影作品。

在夜晚拍摄光绘作品时，手机需要有一个较慢的快门速度，此时将手机安装上三脚架上，可以确保手机在拍摄过程中的稳定

2. 独自旅行或是多人合影时

在家庭聚餐或是朋友聚会时，常会因为负责拍照的人无法加入合影的队伍中而感到遗憾，如果将手机固定在三脚架上，并配合手机定时器，便可以代替拍摄者。另外，我们独自外出旅行，也可以把手机架在三脚架上进行自拍，就像是有专人给拍照一样，非常自然。

太阳下山后，为手机装上减光镜拍摄连绵的流水，利用三脚架可以确保手机的稳定

夜幕降临，拍摄繁华都市中的车来车往，把手机固定在三脚架上，可以得到清晰的画面效果

3. 拍摄微距题材

由于微距效果的景深非常浅，手机镜头稍稍向前或是向后移动，都会造成离焦。另外，微距画面相当于把主体放大很多倍，稍有抖动都会影响主体的清晰成像，因此在拍摄微距题材时，为手机配备三脚架可以确保拍摄时的稳定。

拍摄蚂蚁时，微距镜头所展现的画面是我们肉眼无法观察到的，效果十分震撼。为了保证手机的稳定性，可以将手机固定在三脚架上

10.2.2 八爪鱼三脚架

八爪鱼三脚架可以算是三脚架的番外篇，与正常三脚架不同的是，八爪鱼三脚架的支撑腿可以变形，就像八爪鱼的腿一样，如果需要较高的拍摄角度，可以将其弯曲，固定在树枝上或是栏杆等物体上。

八爪鱼三脚架

把八爪鱼三脚架固定在栏杆上

10.2.3　手机快门线

手机快门线也可以帮助我们保持手机的稳定，在拍摄稳定性要求很高的作品时，手按快门也会产生轻微的抖动，这种抖动可能我们察觉不到，但它的确存在。给手机插上快门线，通过快门线来控制快门，可以避免这种轻微的抖动。

对于手机快门线，可以分为有线快门和无线快门。无线快门需要连接手机蓝牙。我们最常见的快门线，其实就是耳机。把耳机插入手机，打开拍摄模式，按下耳机音量键就可以控制快门，当然个别手机需要设置一下。

把耳机插入手机，并打开拍照模式，即可通过音量键来控制手机快门

10.2.4　手机稳定器

手机稳定器也是保持手机稳定的神器，但它更多是用于视频录制或是做直播上。

如今的手机，拍摄的视频画质都很优质，有些手机甚至支持4K录制，这使我们每个人都能成为录像师，并且有越来越多的人玩起了视频创作。不过，通过从微博或者朋友圈观察人们拍的视频，绝大多数的视频都有一个通病，那就是画面晃动明显，除了把手机固定在三脚架上，只要是拿在手上录制或者移动录制时，画面抖动得都十分严重。此时，把手机安装在手机稳定器上，无论是行走还是固定拍摄，都能轻轻松松拍出满意的画面。结合一些摄影中的构图知识，可以让作品更具专业性。

在山顶拍摄日出的瞬间，把手机安装在稳定器上拍摄，让画面更加稳定，作品更具美感

为手机安装上手机稳定器，进行更加专业的视频录制

10.3 其他配件

除了前面介绍的配件，其实还有很多配件都能服务于摄影创作。有些是专门用于手机上的附件，比如自拍杆、手机充电宝、手机闪光灯、全景云台等；有些则是一些生活中的小物品，比如水晶球、防水袋、手套等。只要你热爱摄影，会发现生活中有很多物品都能服务于摄影创作。

带上可触屏的防寒手套，可以防止冬天拍摄时冻伤手

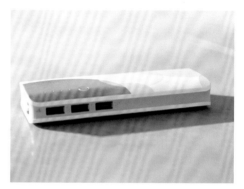

充电宝应该是手机摄影师必备的器材之一，手机拍照非常耗电，如果是外出长时间拍摄，有了充电宝可以及时为手机充电

水晶球可以浓缩世界，把眼前的景色用超广的视角展现出来，并形成倒立的影像，效果十分梦幻

手机兔笼，自带广角和微距镜头，并且可以在镜头前加滤镜，使手机如同一款专业相机

可旋转360°的全景云台，可以用无线遥控控制，轻松自如拍摄大全景

手机防水袋可以用于拍摄水下的主体，也可以在下雨外出拍摄时使用

Fotopro®

可跟各种饮料瓶子连接的手机支架，可单独使用，也可配合瓶子一起使用

用于补光的口袋灯，携带很方便，也很实用

小巧呆萌的自拍杆

第**11**章 / 有趣的手机摄影APP
介绍

随着手机摄影产业的不断发展，不仅出现了很多用于手机拍摄的硬件
工具，还出现了五花八门的后期APP。我们可以通过应用程序商城下载
它们。这些APP有收费使用的，也有免费使用的。虽然软件的种类繁多，
但大体可分为常规处理的后期软件和有趣效果的后期软件。本章我将为大
家推荐一些专用于制作有趣效果的后期软件。

PIP Camera

11.1 Cool Faces

相信很多人都玩过画手指的游戏，用笔在指肚的位置画出搞笑的五官特征，既可爱又有趣。下载Cool Faces这款手机APP，可以通过后期处理的方式，直接在拍摄的手指上添加各种五官表情，以及手部动作和发型，虽然少了些用笔画上去的体验，却避免了笔油弄脏手指。

通过Cool Faces这款后期软件，在手指上"画"出一对恩爱的夫妻，是不是非常有趣（在拍摄前，记得把手洗干净）

Cool Faces的图标

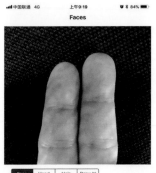

1. 把手机照片导入软件，可以看到软件为我们提供了多种预设表情

2. 选择好一款表情后，将它放在指肚的位置，并调整好角度

3. 除了五官表情，软件还提供了各种姿势的手部动作

4. 另外，还有不同颜色和形态的发型，可以让手指上的人物有更多变化

11.2 画中画相机

摄影中的画中画效果，更多时候是通过后期处理来完成的。当然，也有用手机对着正在拍摄的手机屏幕直接完成的画中画，但使用前者的方法更多一些。

在后期处理方面，画中画相机是一款专用于制作画中画效果的后期软件，它为我们提供了多种画中画的模板，也支持用预设的模板效果实时拍摄。另外，在对照片进行编辑处理时，也有不同效果的滤镜，可以单独设置前景和背景的滤镜效果。

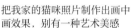

画中画相机的图标

把我家的猫咪照片制作出画中画效果，别有一种艺术美感

1. 软件为我们提供了多种画中画模板，这些模板都很有文艺气息，能为照片加分不少

2. 点击"模板"，从中选择一款喜欢的画中画效果

3. 可以分别设置前景和背景的滤镜效果

4. 还可以替换前景和背景照片

11.3　换脸

换脸也是一款非常有趣的后期软件，软件中并没有过多花哨的功能，主要是对人像照片进行脸部的抠取，然后放在软件提供的人物模板中，等于把我们的身体换成了别人。这些可用的"身体"，应该算是软件最大的亮点，人物的穿着服饰和动作造型都很有大片范儿。当然，这种换脸效果并不能追求摄影上的艺术性，但却很有乐趣。

换脸的图标

$1.$ 软件为我们提供了非常丰富的人物模板

把我家猫咪的脸换在骑摩托车的模特身上，是不是很酷，仿佛喵星人是拯救世界的英雄骑士

猫咪原图

$2.$ 把选择的猫脸放在人物脸部，并调整好角度

$3.$ 可以把换脸的照片保存到手机，也可以直接分享到朋友圈，相信会令朋友圈里的人惊讶到

11.4 局部调色（Glamorous Photo Effect）

局部调色工具，其功能主要用于对画面局部色彩的调整，追求的是主体局部为彩色效果，而其他区域为黑白效果。

在实际应用时，我们把照片导入软件以后，软件会自动将照片处理为黑白效果，然后利用Color工具对局部区域进行涂抹，把局部色彩还原。另外，软件还可以对照片进行亮度、对比度、饱和度、色调变换等调整。

局部调色的图标

通过局部调色软件，把照片处理成局部彩色，而其他区域为黑白的效果

1. 为了方便大家观察，我选择了一张背景为纯白色的效果

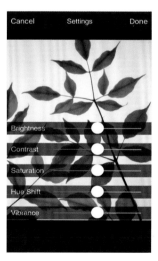

2. 打开软件之后，点击"Open"键，可导入或拍摄照片。点击"Color"键可涂抹主体色彩，选择"Setting"键，可设置画面的亮度、饱和度、对比度等信息

3. 进入"Color"界面后，对叶子进行部分色彩恢复

4. 进入"Setting"界面后，改变叶子的色调

11.5 漫画相机（ToonCamera）

ToonCamera漫画相机软件，可以毫不费力地把照片转换为漫画效果，就像是一名优秀的绘画大师所画的，效果非常逼真。照片脱离了真实样貌以后，会给人带来不一样的新鲜感。在预设效果的选择上，软件为我们提供了多种卡通画、铅笔画、墨水画等效果，让我们有更多选择的空间。

原图效果

漫画相机的图标

另外，ToonCamera不仅支持把照片进行漫画处理，同样可以对视频进行漫画处理，并且支持实时拍摄照片和视频录制。

以下是将照片导入ToonCamera后，选择的不同漫画效果。

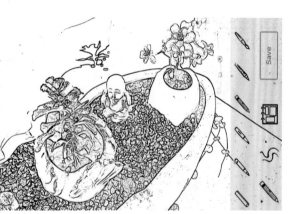

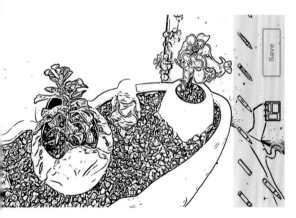

11.6 水中倒影

在前面的内容中，我们不止一次提到利用水面倒影进行构图拍摄，但这种场景也不是每次都能遇到的。其实，我们可以下载"水中倒影"这款软件，它可以轻松地将照片生成倒影效果，并加入水波纹处理，还可以对倒影的亮度和高度进行调整，让效果更加逼真。另外，这款软件还有图像编辑功能，能够对照片的亮度、饱和度、锐度等方面进行处理，也可以进行添加文字、贴纸、滤镜、相框以及瑕疵、镜头虚化等处理，具有全面的调整功能。

水中倒影的图标

利用水中倒影制作的效果（此图为水中倒影软件中的演示图）

1. 打开软件后，可以点击"Use Photo from Library"，从手机相册中选择照片进行处理。也可以点击"Take Photo with Camera"进行实时拍摄

2. 这里我选择一张猫咪的照片进行演示。首先要对照片进行选取，之后点击右上方的对勾标志

3. 软件会自动生成倒映效果

4. 点击"Ripple"加入水波纹后，让效果更加逼真

11.7　容我相机

　　容我相机是一款很值得称赞的手机APP，它可以非常轻松的把照片及视频转为小小星球效果，也可以通过对调整工具进行微调，制作出时间隧道或者任意中间状态的美妙效果。如果对调整工具的使用掌握不好，软件还为我们提供了随机按键，可以呈现出随机的效果。

　　另外，除了可以对手机里的照片或视频进行处理，软件还支持实时拍摄或是实时录制小小星球效果的作品。

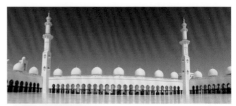

原图效果

容我相机的图标

1. 打开容我相机，可以选择"照片库""视频库"对手机里的照片和视频进行处理，也可以选择"相机"进行实时拍摄

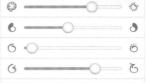

2. 将照片导入软件后，即可生成小小星球的效果

3. 通过对调整工具进行微调，可以改变小球的效果，或者点击左上角的随机键，随机改变小球的效果

4. 之后会生成"当前显示的图片"

5. 点击"当前显示的图片"，可以进行裁剪等操作

11.8　鱼眼相机（FishEye）

虽然手机也有鱼眼镜头，但我们并不能保证每次拍摄都带着它，而也有很多爱好手机摄影的朋友没有配备鱼眼镜头，如果遇到想用鱼眼表现的画面怎么办呢？其实方法很简单，只要下载这款可以生成鱼眼效果的手机APP就可以了。打开软件后，可以用鱼眼视角进行实时拍摄，软件也为我们提供了多种滤镜效果，用来增加画面气氛。

鱼眼相机的图标

1. 选择好一个玩偶作为拍摄主体

2. 打开鱼眼相机

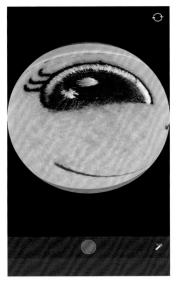

3. 鱼眼相机会呈现实时拍摄效果

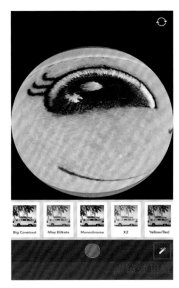

4. 在拍摄时，可以设置不同的滤镜效果

11.9 形色和花伴侣

花卉题材是摄影创作中的一大类别，几乎每一个摄影者都会拍摄花卉题材，但由于花卉的种类繁多，我们大多数人对花卉的了解知之甚微，经常会遇到拍摄完花卉却不知花名的情况。解决这个问题的方法很简单，只要下载识花软件就可以了。

在这里，我推荐给大家两款识花软件，"形色"和"花伴侣"。它们都可以识别手机里的花卉照片，也可以实时拍摄花卉，直接识别出来。

另外，这两款软件也各有特色。"花伴侣"除了可以识花，在发现界面里，还有"大家来鉴定""艺术画廊""识花大挑战"等好玩有趣的功能。"形色"软件在识别花卉之余，还可以生成海报效果，并且会配上与花卉对应的诗句。另外，在详情界面，还有关于花卉的趣闻、小百科、植物养护、植物价值等相关知识。

花伴侣的图标

1. 通过"花伴侣"的识别，软件分析出花卉主体为非洲菊

2. 通过"花伴侣"的识别，软件分析出花卉主体为月季花

形色的图标

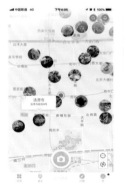

1. 打开软件后，可以在显示的地图中看到其他人上传的花卉照片，点击进入后，会有关于花卉的相关知识和诗词等信息

2. 可以看到界面下方还有"花间""玩图"等工具栏，此界面为"花间"工具栏界面

3. 通过"形色"识花，软件分析出花卉主体为月美人

4. 通过"形色"识花，软件分析出花卉主体为红化妆

第12章 手机摄影后期技巧

俗话说"三分长相,七分打扮",对一张照片进行后期处理,就像给美女化妆,虽然素颜已经很美了,但化妆之后会更吸引人。摄影作品也是如此,虽然直出的原片作品也很精彩,但再适当后期调整一下,效果会更令人满意。如今,手机后期软件的种类繁多,功能也是五花八门,有些软件对照片细节的处理很强大,有些则侧重在滤镜效果上。

在这里,我将主要为大家介绍Snapseed软件,它被誉为掌上的PS,功能十分强大。另外,还会为大家介绍几款很实用也很有特色的后期软件,包括MIX、印象、泼辣修图等。

12.1　Snapseed

作为后期软件中的佼佼者，Snapseed拥有非常强大的后期处理能力，无论是在处理照片整体效果方面，还是对照片中的一些细节进行微调处理，Snapseed基本都能满足我们的操作需求，完全可以胜任掌上PS的称号。另外，Snapseed的操作方式也很有特色，用手指在屏幕上滑动就可以轻松修图，也使修图过程变得轻松有趣。

12.1.1　主要功能界面介绍

在学习使用Snapseed软件进行后期处理前，我们先来了解一下它的功能界面。

【样式】图标

1. 将照片导入软件后，会默认在【样式】界面。界面中有多种预设样式供我们选择

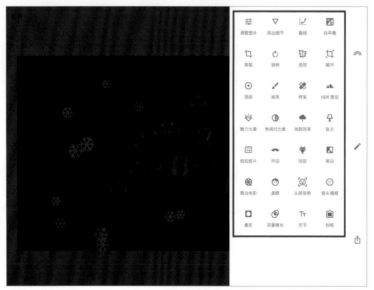

【工具】图标

2. 进入工具菜单，Snapseed为我们提供了多种实用的工具及滤镜：调整图片、突出细节、曲线、白平衡、剪裁、画笔、修复、色调对比度、双重曝光、文字、斑驳、黑白电影、镜头模糊等

12.1.2　基本功能介绍

Snapseed拥有多种基本调整功能，比如调整画面的亮度、对比度、饱和度、高光、阴影、白平衡等基础功能。除此之外，Snapseed还拥有一些独具软件特色的功能，比如Raw格式修图、画笔、修复、展开、曲线等功能。

1. Raw格式修图

一般来说，拍摄Raw格式的照片需要使用单反等专业的拍照工具，但随着手机拍照技术的不断发展，有些手机也可以拍摄Raw格式的照片。得到Raw格式的照片后，一般需要我们把它导入电脑中，使用Camera Raw等后期工具进行修图，但有了Snapseed软件，可以直接在手机上处理Raw格式照片。

Raw格式的原片

1. 将Raw格式的照片导入Snapseed软件中，从而进入Raw格式的打开界面

【基本调节图标】

2. 点击【基本调节图标】，可以弹出多种调节工具，包括调整照片的曝光、高光、阴影、对比度、结构、饱和度等

【色温】图标

3. 点击【色温】图标，进入Raw色温调节界面，对照片进行色温的调整

4. 调整完成后，点击【对勾】图标，即可进入Raw保存界面

打开Raw格式照片时需要注意：

在处理Raw格式的照片时，目前只有少部分的APP可以打开Raw格式的照片，如果我们用QQ或是微信等软件收到Raw格式的照片后，要点击"用其他应用打开"，这里我们选择Snapseed即可。

1. 使用微信或者QQ等软件传图后，Raw照片在手机中无法正常打开，选择【用其他应用打开】

2. Raw格式的照片，只有部分手机APP可以打开并编辑

用Raw格式的照片处理后的效果

▶ 小贴士：普及Raw知识 ⋯⋯⋯⋯⋯

Raw格式可以记录画面中的更多细节，它的性质类似于拍摄完成后未经冲洗的底片，所以也被称为"数字底片"。Raw格式的优点在于具有较为广泛的后期调整空间，而且在后期调整过程中并不会使原始图像受到损伤。

用JPG格式的照片处理后的效果

2. 利用蒙版工具保留照片部分颜色

在 Snapseed 软件中,【蒙版】工具是非常值得称赞的功能,它可以制造出多种创意十足的画面效果。下面,就是我利用【蒙版】工具结合 Snapseed 中的【黑白】滤镜,制作出保留照片部分颜色的效果。

> ▶ 小贴士:什么是蒙版呢?
>
> 实际上,蒙版就相当于在原来的照片上添加了一个看不见的图层,通过画笔工具擦拭蒙版,可以显示或掩盖原来的图层,得到对局部处理后的画面。

原图

保留部分颜色的效果

1. 先为照片添加【黑白滤镜】,得到黑白照片

2. 点击【查看修改内容】

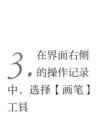

选择红框内的【画笔】工具

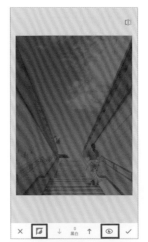

【阴阳箭头】的图标

【小眼睛】图标

3. 在界面右侧的操作记录中，选择【画笔】工具

4. 点亮红框内【阴阳箭头】的图标，并点亮【小眼睛】图标，可以看到画面变成了透明的红色

5. 开始擦除红色，为了更加仔细地进行擦除，可以放大画面预览

6. 将主体上的红色擦去，以保留主体的色彩，让其他区域呈黑色的滤镜效果

7. 选择【向左箭头】，即可回到主界面

8. 点击【导出】，保存照片

3. 剪裁

相信很多人都会遇到这样的情况，外出拍摄回来浏览照片，却发现有些照片的构图并不理想，需要进行二次构图处理，也就是对照片进行裁剪。此时，我们用 Snapseed 软件中的剪裁功能就可以。

原图为横画幅效果

通过后期裁剪，得到竖画幅效果

剪裁

【剪裁】图标

1. 可以裁剪成各种比例或自由裁剪

【旋转】工具

2. 通过旋转将横片剪裁变成竖片

需要注意：对原片进行裁剪后，照片的质量会有所下降，所以在前期拍摄时，尽量一次完成构图。

通过后期裁剪，得到竖画幅效果

手机直接拍摄的竖画幅照片

原片文件大小为4.0MB

剪裁成竖片后的文件大小为1.4MB

直接拍摄的竖画幅照片文件大小为6.2MB

4. 双重曝光

提到【双重曝光】工具,我们先来了解一下什么是双重曝光。双重曝光也被称为二次曝光或多重曝光,最早在胶片相机中就可以得到此效果,具体是指在同一底片上进行了多次曝光,使不同的景象重叠在一张照片中,而 Snapseed 中的【双重曝光】就是仿照这一功能,我们将需要合成的照片导入 Snapseed 中,便可以很容易得到双重曝光的效果。

原片

1. 打开一张照片,并为其添加一款黑白滤镜

2. 选择【双重曝光】工具

【添加照片】图标

3. 进入【双重曝光】菜单中,按左下方的【添加照片】图标

4. 选择双重曝光的第二张照片

5. 合成双重曝光效果

5. 镜头模糊

在使用手机进行摄影创作时，虽然手机的光圈都很大，但在控制景深方面与专业的单反相机相比还有一定的差距，有时在追求一些浅景深效果时，不得不利用后期软件对背景进行虚化处理，Snapseed软件中的【镜头模糊】工具就有这样的功能。

原片

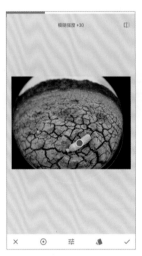

镜头模糊

【镜头模糊】工具

1. 进入【镜头模糊】工具菜单中，会弹出一个圆形的模糊范围，根据需要，调整模糊范围

调整图标

2. 用手指上下滑动屏幕调出【调整工具栏】，或者按下调整图标导出【调整工具栏】，可以设置模糊强度、过渡、晕影强度的数值

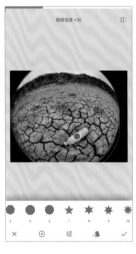

3. 可以选择多种镜头模糊光斑效果

4. 最后得到背景虚化的效果

6. 透视

在进行摄影创作的过程中，主体变形也是比较常见的现象，究其原因，主要是因为手机镜头对画面产生了畸变效果造成的。我们可以利用Snapseed中的【透视】功能，对画面进行倾斜、旋转、缩放、自由的调整，最终达到满意的效果。

原片

2. 调出调整工具，可以看到有【倾斜】【旋转】【缩放】【自由】的调整

透视

选择【透视】工具

1. 将照片导入Snapseed的【透视】工具界面

3. 选择相应的调整模式，并进行校正

4. 得到校正后的效果

7. 修复

有些时候，一些杂乱的元素会不得已被拍进画面，有些可能是背景中的小景物，有些可能是主体上一些脏的污迹，如果是在电脑上，我们可以直接使用Photoshop将它们P掉，但如果是在手机上处理照片，该如何处理这些脏乱的元素呢？答案很简单，使用Snapseed的【修复】工具就可以解决这一点。

下面，是我用【修复】工具处理的猫咪照片，为了追求效果，我把猫咪全部P掉了，只留下了猫咪的影子。

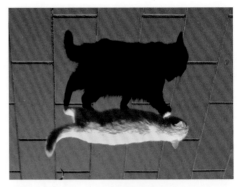

原片

1. 在Snapseed软件中打开要处理的猫咪照片，可以先进行一些基础的调整，或者为照片添加滤镜效果

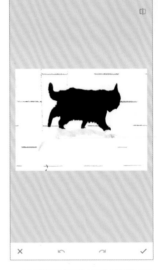

2. 为猫咪照片添加一款黑白滤镜，然后用修图工具把猫咪涂抹掉，只留下猫咪黑色的影子，使画面产生黑白对比的效果

3. 对照片进行放大，对影子的细节部分进行修复处理

4. 最后，点击【导出】，保存照片即可

8. 旋转校正

在回看照片时，如果发现有水平线歪斜的构图问题，我们可以利用Snapseed中的【旋转】工具进行调整，使构图更加严谨。

Snapseed中的【旋转】工具非常智能，它可以分析画面自动校正角度，并且可以进行微调处理。另外，还可以对画面进行90°、180°镜面调整等处理。

旋转

1. 将需要调整的照片导入Snapseed中，选择【旋转】工具

原片中的水平线歪斜，破坏了画面美感

2. 新版的Snapseed具有自动校正功能

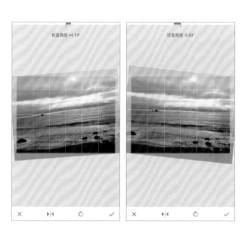

3. 用手指向左滑动屏幕或是向右滑动屏幕，进行手动校正

4. 校正完成后，水平线角度被纠正，画面展现出一种均衡、自然的美感

9. 样式模式

Snapseed 所提供的【样式模式】，可以对我们所做的调整步骤进行保存和分享，在对一张照片进行后期处理后，可以将其保存为一种样式，在处理相似照片时，便可以直接点击保存的样式，这样能够节约很多修图时间。另外，Snapseed 软件也为我们提供了一些预设样式，在为照片添加样式后，还可以点击【查看修改内容】，对历史记录中的数值进行微调，以便更适合当前的照片需求。下面，我就以 Potrait 和 Smooth 的样式为大家举例介绍。

原片

Potrait 模式

1. 将照片导入 Snapseed 软件后，可以看到各种样式模式

2. 选择适用于人像美颜的 Potrait 样式

Portrait

Portrait 样式

3. 点击【查看修改内容】

4. 找到历史记录，可以分别对每个步骤进行调整

5. Potrait模式进行了美颜调整。因此，我们也能够找到美颜的操作记录，并进行适当调整

6. 修改后的效果

7. 可以将处理后的样式进行保存

8. 输入样式的名字，之后点击"确定"按钮

9. 自定义模式保留成功

需要注意：在使用Potrait这种带美颜效果的样式时，并不是什么题材都可以进行历史记录的修改，因为在美颜处理中，系统需要分析人脸信息，如果分析不到，则无法进行调整。下面，我用一张羊驼的照片为大家举例说明错误的操作。

原片

1. 将羊驼的照片导入Snapseed软件中，可以看到各种样式效果

2. 选择Potrait样式

3. 点击【查看修改内容】，查看历史步骤

4. 选择【美颜】，进入美颜界面，系统分析主体面部信息，因分析不到人脸面孔，调整失败

Smooth 模式

Snapseed 软件中的 Smooth 样式，与 Potrait 样式类似，也适合处理类似人像题材的照片，这里我使用手指画照片进行调整。

原片

1. 在样式菜单中，有各种模式列表

2. 选择 Smooth 样式

Smooth 样式

3. 可以点击【查看修改内容】，查看 Smooth 样式的分解过程

处理后的成片

4. 处理后的成片

10. 一键变黑白

在众多摄影题材中，黑白摄影可以说是一种很有艺术气息的创作题材，为了追求黑白摄影的效果，Snapseed软件为我们提供了【黑白】滤镜效果，可以帮助我们将彩色照片处理成黑白照片，并且在操作上非常简单。

原片效果

1. Snapseed 为我们提供了多种黑白预设滤镜

【黑白】滤镜

2. 选择一款黑白滤镜后，可以对亮度、对比度、粒度的数值进行微调

3. 按下红框中的图标，可以选择黑白滤镜中的彩色样式

4. 最终的成片

12.2　MIX滤镜大师

在进行后期处理时，为照片添加滤镜效果可以说是非常简单的事，基本所有带滤镜的软件都是一键添加，无需其他繁琐的操作。而提到带滤镜效果的软件，不得不提到 MIX 滤镜大师，它为我们提供了非常丰富的滤镜效果，在软件默认的滤镜效果之外，还有很多未下载的滤镜效果。另外，MIX 滤镜大师还有一些最基本的修图功能，下面，我就简单为大家介绍一下。

12.2.1　局部修整

在MIX滤镜大师的【局部修整】菜单里，有多种实用且颇具创意的后期功能，包括涂抹、去污点、调整画笔、小星球等，而在每个功能菜单中，还有更具体的调整工具，下面，我就用【涂抹】工具为大家举例说明一下。

【局部修整】工具

原片效果

【涂抹】工具

1. 在 MIX 软件中，选择【局部修整】工具菜单

2. 将要调整的照片导入MIX软件中，选择【涂抹】工具菜单

3. 进入【涂抹】菜单后，可以看到有马赛克、创意、荧光笔三个工具可供选择。这里我们选择创意工具，选择要涂抹的图案，然后进行涂抹

4. 得到很有创意的效果

12.2.2　魔法天空滤镜

　　【魔法天空】滤镜是 MIX 滤镜大师中很值得称赞的滤镜效果，在此滤镜菜单中，有多种不同景色的天空效果，包括晴天、多云、黄昏、星轨、极光等。下面，我就用黄昏效果举例说明一下。

原片效果

【魔法天空】滤镜

1. 将照片导入 MIX 中，选择【魔法天空滤镜】，可以看到有多种滤镜效果

2. 选择好适合的天空效果后，可以对滤镜程度进行微调

3. 滤镜调整后，可以选择【编辑工具箱】对照片进一步调整，包括调整照片的曝光、对比度、饱和度、锐度等，还可以设置照片的曲线、色彩平衡等

4. 添加滤镜后的效果，可以看到成片比原片更有气氛

12.2.3　人像滤镜

在处理人像美颜方面，MIX滤镜大师也有适合的滤镜效果，那就是【人像滤镜】。在【人像滤镜】中，有多种不同风格的预设效果，并且在选择滤镜之后还可以进行微调处理。另外，在【编辑工具箱】中，也有【美肤】工具可以对人物进行美肤处理。下面，我用一张儿童照片为大家举例说明。

原片效果

【人像】滤镜

1. 将照片导入MIX中，选择【人像】滤镜，可以看到有多种预设的滤镜效果。根据需要，选择一款适合的滤镜

【裁剪】工具

2. 选择好滤镜后，可以点击【裁剪】菜单，之后对照片进行水平、旋转、横竖透视、拉伸等调整

3. 在【编辑工具箱中】，选择【美肤】工具，可以对人物进一步进行美肤处理

4. 成片效果

12.2.4 照片海报

把照片做成海报的样式，会瞬间提高照片的格调，海报中加入的边框、文字、图形等元素，也会将画面的主题很好地烘托出来。利用MIX滤镜大师中的【照片海报】工具，可以制作出多种风格和样式的海报效果，软件中不仅给我们提供了预设的模板效果，还可以给照片添加文字、图形、组件等元素。下面，我简单举例说明一下。

原片效果

1. 首先，对需要调整的照片进行一些基本调整

【照片海报】工具

2. 在主页选择【照片海报】工具，可以看到有各种海报模式可以选择

3. 用手点击海报小图标，即可预览。需要注意的是，如果图标上带锁，说明该海报效果需要购买

4. 点击【背景】工具，可以更换海报底图的颜色

5. 可以为海报添加多种图形，并设置图形的颜色、透明度等

6. 为海报添加多种字体，并设置字体的颜色、类型、排版方式等

7. 在输入字体的过程中，可进行中英文切换

8. 除了添加字体，还可以为海报添加图形、组件等元素，但加载的内容不能过多，过多容易太满，反而让人觉得不好

12.2.5　总体介绍

前面我列举了 MIX 的局部修正、滤镜，以及照片海报中的一些功能。其实 MIX 软件拥有的功能远远不止这些，我们查看 MIX 的主界面，可以看到有多种不同功能的菜单，比如编辑、社区、学苑等。下面，我就来总体介绍一下这款 MIX 滤镜大师软件。

【编辑】菜单　　在【编辑】菜单中，有裁剪、滤镜、编辑工具箱这些工具，进入每一个工具后，还有更加详细的设置

MIX 滤镜大师的主界面

【局部修整】菜单　　在【局部修整】菜单中，可以对照片的局部进行去污、涂抹、画笔等操作。其中在【涂抹】工具里，可以设置涂抹图案，而在【调整画笔】工具里，可以调整局部的亮度、饱和度、对比度等

 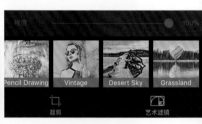

【艺术滤镜】菜单　　【艺术滤镜】中的预设效果，与原片的反差都很大，但都很有艺术性

【照片海报】菜单　　可以对照片进行海边模式的编辑，也可以进行添加文字、图像、组件、设置背景等操作

【社区】菜单

【学苑】菜单

在【社区】菜单中，可以欣赏到很多美丽的作品，也可以将自己拍的作品上传到社区中。另外，也可以下载社区照片中的滤镜样式，下载后会自动保存到【自定义】滤镜的菜单里

在【学苑】菜单中，软件为我们提供了丰富的摄影知识。在闲暇之余，可以看看这些摄影知识，提高自己的拍照水平

【商店】菜单

【我的】菜单

在【商店】菜单中，可以购买不同类型的滤镜、字体、照片蒙版、背景纹理等效果。而在滤镜商店中，也有几款是免费的滤镜

在【我的】菜单中，主要是管理和查看发布在MIX社区上的作品，也可以在【我的】菜单中设置MIX保存照片的一些相关事宜

12.3 印象

【印象】也是一款很值得称赞的手机后期软件，其不仅支持照片的实时拍摄和后期处理，还支持视频的实时拍摄与后期编辑，是一款功能全面的后期软件。下面，我就按照后期模式与拍照模式，为大家简单介绍一下。

12.3.1 后期模式

在主要的后期编辑里，【印象】支持多种编辑功能，包括为照片添加各种滤镜效果、文字水印，以及设置画面曲线、调整曝光度、对比度、饱和度、高光、阴影等处理。

【美化】菜单

1. 点击【美化】工具菜单，即可进入基本调整界面，在这里可以对照片进行裁剪、校正等处理，还可以设置画面的曝光、色彩、曲线，添加滤镜、光效、文字等

【裁剪】工具菜单

2. 进入裁剪工具界面，可以对照片进行剪裁处理

【曲线】工具

3. 根据画面需要，对照片进行曲线调整

4. 为照片添加适合的滤镜效果

【光效】工具

5. 为画面选择一款光效样式

6. 每一种光效都可进行移动、旋转、缩小和放大的调整

【文字水印】工具

7. 每一种光效都有其背后的内涵

8. 为画面添加文字水印，增加些文艺气息

9. 也可以自定义水印，并将其保持至"我的"收藏夹里

10. 也可以对字体进行微修，包括变颜色、加阴影等

12.3.2　拍照模式

印象的拍摄模式包括照片与视频两种，而无论是拍照还是录制视频，都可以提前设置滤镜效果。在拍照模式下，不光可以设置滤镜，还可以设置快门倒计时、闪光灯、画幅等。另外，根据不同的拍摄题材，也可以选择不同的构图示意线，帮助我们更好地进行构图拍摄。

【拍照】菜单

1. 在拍照模式中，选择适合的滤镜效果

2. 在拍摄前还可以对画幅、闪光灯、定时、触屏拍照进行设置

3. 根据拍摄内容，选择构图示意线

4. 选择一款构图线后，可以将主体安排在推荐的构图区域

12.4 泼辣修图

泼辣修图的菜单很人性化，它分为快捷模式和专业模式。快捷模式适合初学者或是手机屏幕较小的人使用；而专业模式则适合专业人士或手机屏幕较大的朋友使用。

我使用的是专业模式，理由很简单，专业模式有更多强大的调节功能，可以满足我们更多的修片需求。下面我简单为大家介绍一下这款软件。

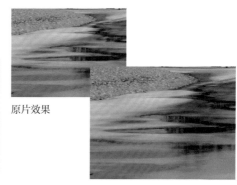

原片效果

成片效果

1. 将照片导入【泼辣修图】后，可以在主界面看到很多设置内容，包括界面上方的滤镜、文字、人像、裁剪设置，以及界面下方的基本调节设置

2. 点击【基本调整设置】，可以对画面的色彩、光效、质感、暗角、HDL、曲线、色调等进行设置

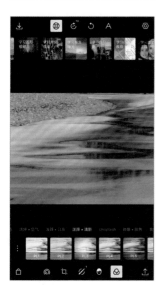

3. 泼辣修图为我们提供了很多种滤镜效果

4. 对照片进行保存时，也有相应的设置选择，包括照片的格式、质量、水印、元数据等。另外，软件还支持批量保存，功能非常强大

12.5 VSCO

VSCO 软件也是一款很有特色的后期修图软件，它为我们提供了非常多的滤镜效果，并且这些滤镜效果具有很强的胶片感。而它的基本调整功能也很丰富，包括可以对画面进行曝光、对比度、拉直、裁剪、清晰度、锐化、饱和度等更详细的调整。

VSCO 软件可以对 Raw、JPG、PNG 格式的照片进行处理

1. 将需要调整的照片导入 VSCO 的工作室里

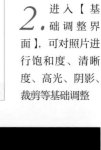

【基础调整】工具

2. 进入【基础调整界面】，可对照片进行饱和度、清晰度、高光、阴影、裁剪等基础调整

3. 为照片选择一款合适的滤镜效果

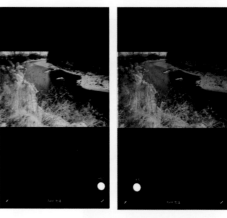

4. 可调整照片的色温，我们分别将照片调整为暖色调和冷色调进行比较

12.6 ACDSee

ACDSee软件是一款付费软件，其拥有的功能非常强大，支持实时拍摄与后期处理。在后期处理部分，ACDSee可以对照片进行效果、聚焦、晕影、裁剪、滤镜喷溅、光线均衡、填充光线等调整，还可以查看拍摄照片的详情信息，通过底图很容易识别拍摄位置。

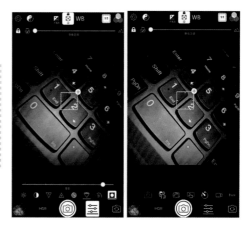

1. ACDSee的实时拍摄界面，可以看到有非常丰富的设置内容，甚至有包围曝光功能

2. 在使用ACDSee处理照片时，最大的不足是在保存照片时，需要覆盖原图

【Dehaze】工具

3. 可以对照片进行Dehaze设置

4. 在黑色电影效果里，进行羽化、渐变等操作

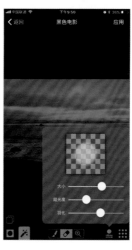

5. 在黑色电影效果里，调整大小、阻光度、羽化

6. 除了Dehaze设置，还可以看到界面下方的阴影、高光、光线均衡、曝光、对比度等多种设置功能

7. 选择【颜色均衡】工具，设置饱和度、色调、亮度

8. 设置光线均衡

9. 除此之外，还有调整、效果、聚焦、晕影、几何形状等工具

12.7 配合多个APP进行修图

对于后期修图来说，其实每一款软件都有各自擅长的功能，因此在处理照片时，我们要学会配合多个APP进行修图。比如在处理旅途人像照片时，可以利用美图秀秀结合LINE Camera进行操作，先用美图秀秀的人像美容功能给人物进行瘦身，然后用LINE Camera给画面添加滤镜效果以及图贴。

美图秀秀

美图秀秀算是手机修图软件中的"老字号"了，可以说是最早出现的手机修图软件，其拥有非常出色的人像处理功能，可以对人物进行美颜、瘦身瘦脸、祛痘等多种功能。

1. 打开美图秀秀，选择【人像美容】

2. 选择【瘦脸范围】工具，可以进行自动瘦脸或者手动瘦脸

3. 选择手动，然后用手指轻推要调整的脸部即可

4. 除了瘦脸，还可以对照片进行肤色美白、面部重塑、祛斑祛痘、祛皱等处理，之后保存照片

LINE Camera

LINE Camera软件非常适合女生使用，其不仅有亮丽的滤镜效果，还有基本的修图功能以及多种可爱的贴图效果，而软件的整体设计也十分少女系。

1. LINE Camera 可爱的Logo

2. LINE Camera 主界面中，可以看到有照相机、相册、拼贴图、手绘贴图等功能菜单

3. 把之前用美图秀秀处理的照片导入软件，并选择滤镜效果

4. 添加可爱的装饰贴纸

5. 设置画笔属性，进行手绘贴图

6. 最后的成片效果

第13章

摄影作品投稿秘籍

为了让自己心爱的作品有所价值，将其进行投稿是非常好的选择，本人从事摄影行业多年，陆续担任过几十个摄影比赛的评审、点评人，自己也获得过一些奖项，有些作品也有幸刊登在杂志、报纸和网站等媒体上，也算积累了一些小经验。在这里我愿意把这些经验分享给大家，希望对大家有所帮助。

13.1 参加摄影比赛的那些事儿

参加摄影比赛，有点像过去的科举考试，最后被选上的还会分个状元、榜眼、探花，不过我们的摄影比赛不会像科考那样紧张，毕竟性质不同，摄影比赛的内容是开放式的，人们参赛的心情也都是愉悦的。本人担任过多次摄影比赛的评审，在这里分享一些投稿技巧，以便帮助大家学会如何挑选投稿作品。

1. 选择靠谱的摄影比赛。可以在"诠摄汇"投稿，也可以到"中国摄影家协会"官网查看各种摄影比赛信息。

"诠摄汇"摄影比赛广泛全面

"中国摄影家协会"官网会实时更新来自全球的各种摄影比赛信息

2. 避免过度的后期。参加比赛的作品可以后期，但不要滥用滤镜、饱和度、对比度等，避免为追求所谓的某种效果而失去照片的真实感。

对作品进行过度后期，使其失去真实性，这种作品不会受评审的青睐

对作品进行适当的后期，保留其最基本的真实性

3. 把熟悉的场景拍出陌生感。由于参赛作品较多，评审在查看参赛作品时，每张照片在评审眼里也就停留几秒，而想要抓住评审的眼球，照片内容就不能太平庸。在创作时，要能够把熟悉的场景拍出陌生感，那样才会吸引到评审。

镜中的猫咪，能够给人一种陌生感，画面视角显得更新鲜，可以吸引到人们的视线

4. 参加黑白摄影比赛需要注意，黑白摄影比赛要求之一，就是一点彩色元素都不能出现，但有些人为了追求所谓的效果，会把照片中的部分色彩保留，然后再投稿到纯黑白摄影的比赛中，这样做是不符合比赛要求的。

照片的整体是黑白色，但为了突出主体，在对原片进行黑白后期时，保留了主体的色彩，虽然效果独特，但这种照片是不能参加纯黑白摄影比赛的

5. 看好比赛的主题再参赛。投稿的作品，一定要符合比赛主题，不能张冠李戴，强拉硬拽。比如春季摄影主题却投一张秋天的照片。

6. 注意保留好原片。所有正规的摄影比赛，都会要求查看原片和EXIF信息，很多朋友用手机后期APP对照片进行处理后，就把原片丢失了，这是一种很不好的习惯。

独特的视角，穿红色衣服的行人，以及地面的人影，都可以吸引人的兴趣点，可以把这张照片投稿至以光影为主题的摄影比赛

小狗狗看着镜头，眼睛很有神，用与狗狗相同的视角拍照，拉近与狗狗的距离。但无论怎样进行后期，原片都要留底

7. 参加纪实摄影比赛需要注意的事。

（1）不允许有任何P过的痕迹。纪实摄影主要以纪实和叙述真实场景为主。艺术创意类摄影比赛则可以脑洞大开进行创作。

（2）纪实摄影不允许有手机的水印出现。有些手机会给照片自动添加水印，如果需要参赛，记得在手机设置里关闭水印效果。

拍摄纪实摄影前，记得关闭手机相机内的Logo水印，否则不符合要求

8. 拍摄些有难度的作品比较容易入选。

有难度的作品，代表着很多人拍不出，也代表着与众不同，这样的作品会更容易得到评审的赏识。

用手机拍摄打铁花的作品，是很多人不曾想到的，也是比较有难度的拍摄题材，这样的作品会更容易吸引到评审

13.2　如何提高照片在杂志、报纸上的采纳率

给杂志或报社投稿，与参加摄影比赛类似，都需要吸引审稿人的注意，并在众多照片中突显出来，有些注意事项与参加摄影比赛类似，但也有一些其他需要注意的事项，下面我来分享给大家。

1. 找到一个合适的投稿渠道就成功了一半。同参加摄影比赛一样，我们可以在"诠摄汇"投稿，也可以在"视觉中国"投稿。

"视觉中国"是全球各种杂志、报纸、网站、广告乃至自媒体照片交易的入口，好的照片一定会有客户购买

"视觉中国500PX" APP上展示的作品，有可能直接被编辑看到约稿，用片后直接将稿费打入作者指定的账户

"诠摄汇"是《中国摄影报》的唯一官网，这里会实时更新《中国摄影报》各版面主题征稿

2. 独特的视角让作品脱颖而出。如果不是构图突出或是主体出彩，普通的大众视角很难吸引人们的注意，所以要追求些独特的视角。

3. 紧跟热点事件进行投稿。根据当下最热点的事件投稿，被采纳的概率更高。

水晶球里的世界，展现出梦幻般的视角，显得很新颖

操场、自行车，这些带有运动与青春的元素，可以在毕业季的时候投稿

4. 签好肖像使用权协议。如果拍摄了可识别的人脸照片，又要用于商业用途，一定要签署好肖像使用权协议。

如果拍摄了可识别人脸的人像照，需与模特签好肖像权协议，避免不必要的麻烦

5. 关闭相机自带的水印。拍摄的内容最好不要有任何一家品牌商自带的水印，以方便别人采用。

关闭手机自带的水印，方便别人购买使用

6. 根据征稿主题有针对性地投稿。一定要看好征稿的主题和要求再去投稿，否则再好的作品也是徒劳。

7. 如何被杂志封面采用。（1）画面内容不可以太花哨，有留白，并用竖画幅来展现。（2）为照片添加一些标签，方便需要的人查找。

看到这张照片，水母、幽静、自由等词汇映入脑海，在投稿时要看好征稿的主题，也要符合这些内容

竖版、留白多的照片更容易被杂志封面采用

写好照片的标签，更容易被需要的人查到